Klassische Homöopathie

Wieso? Weshalb? Warum?

Kleine Praxiseinführung für Patienten

Verlag
K.-J. Müller
Maxstr. 11
66482 Zweibrücken
✆/🖷 06336 - 99 35 55
www.homoeopathie-zweibruecken.de

1. Auflage März 2005
2. Auflage Januar 2006
3. Auflage Dezember 2009
Preis: 5 €
ISBN 978-3-934087-32-3

Inhaltsverzeichnis

Die Homöopathie heilt mehr Kranke
Als jede andere Behandlungsmethode
Und sie ist jenseits allen Zweifels
Sicherer und ökonomischer.
Sie ist die umfassendste
Medizinische Wissenschaft.

Mahatma Gandhi

Warum dieses Buch?

Im Laufe meiner inzwischen langjährigen Praxiszeit als Klassischer Homöopath konnte ich feststellen, dass vor und während einer homöopathischen Behandlung zum praktischen und theoretischen Ablauf immer wieder Erläuterungsbedarf bestand. Homöopathie-Patienten wollten über 'ihre' Behandlungsmethode vernünftig aufgeklärt sein. Hier gebe ich Ihnen meine Informationen in Buchform. Der Inhalt orientiert sich an den häufigsten Patientenfragen und ich hoffe, dass ich Ihnen hier die meisten davon beantworten kann, ohne in zu viel Fachchinesisch oder zu viele Details zu verfallen. Vor allem möchte ich Sie anhand einiger Behandlungsbeispiele einen Blick ins Schatzkästlein homöopathischen Denkens und Arbeitens werfen lassen und dadurch vermitteln, welch wunderbare Heilmethode die Klassische Homöopathie sein kann, nicht nur in ihren Wirkungen, sondern auch, weil sich der Weg zu mehr Gesundheit für Behandler und Patient gleichermaßen spannend und interessant gestalten kann.

Da im konkreten Behandlungsablauf immer wieder Reibungspunkte mit der schulmedizinischen Therapie auftreten, werde ich auch versuchen, die Unterschiede in den Herangehens- und Denkweisen darzustellen und die Vorteile der Homöopathie bei vielen chronischen Erkrankungen zum Ausdruck zu bringen.

Ich hoffe, dass diese Broschüre als Zugang zur homöopathischen Heilmethode möglichst weite Verbreitung findet. Ich selbst werde es so handhaben, dass jeder Neupatient in meiner Praxis zum Behandlungsbeginn einfach ein Exemplar geschenkt bekommt. Alle anderen können die Broschüre für ⑤ €uro erwerben.

Was ist Homöopathie?

Homöopathie ist ein ganz spezielles Heilverfahren, das von dem Meißener Arzt Samuel Hahnemann (1755-1843) entdeckt und in den letzten zwei Jahrhunderten verbessert und weiterentwickelt wurde. Hahnemann formulierte 1810 das von ihm beobachtete Heilgesetz: 'Similia similibus curentur!' - 'Ähnliches werde mit Ähnlichem geheilt!'

Unter speziell von ihm zubereiteten (später dazu mehr) Einzel-Arzneien versuchte er nach strengen und logisch nachvollziehbaren Kriterien diejenige herauszufinden, deren Wirkbild zu dem beim Patienten vorliegenden Krankheitsbild am besten passte. Er hatte herausgefunden, dass eine Arznei, die in großer Dosierung ein bestimmtes Krankheitsbild erzeugt, ein sehr ähnliches Krankheitsbild in winziger Dosierung zu beseitigen vermag.

Samuel Hahnemann 1842 im Alter von 87 Jahren.
Erst kurz vorher war die Fotografie entdeckt worden!

Hahnemann war beim Übersetzen eines medizinischen Buches die Behauptung bitter aufgestoßen, Chinarinde könne Wechselfieber heilen, was seinem kritischen Geist nicht plausibel erschien. Kurzum schluckte er im Selbstversuch als Gesunder ein Stückchen Chinarinde - und bekam dem Wechselfieber ähnliche Symptome! Wörtlich schrieb er später in sein 'Organon der rationellen Heilkunde': "Wähle, um sanft, schnell, gewiß und dauerhaft zu heilen, in jedem Krankheitsfalle eine Arznei, welche ein ähnliches Leiden für sich erregen kann, als sie heilen soll."

Am besten nachvollziehen lässt sich dieses 'Ähnlichkeitsgesetz' an einem kleinen Beispiel zum Selber-Ausprobieren:

Die unangenehme Nebenwirkung von zu viel Kaffeegenuss kennt jeder: Man schläft schlecht, ist nachts aufgeregt und hellwach, voller Gedanken und Pläne für den nächsten Tag, hat vielleicht Herzklopfen dazu, man schwitzt vermehrt und muss vermehrt zur Toilette. Das ist - in sehr kleinem, akutem Rahmen - das 'Arzneimittelbild' von Kaffee. Hat Hahnemann recht, müsste Kaffee also in kleiner Dosis bei 'aufgeregter' Schlaflosigkeit mit entsprechenden Körpersymptomen helfen.

Wann tritt so etwas überhaupt auf? Eine typische Situation ist beispielsweise die, wenn Sie morgen früh in Urlaub fahren wollen und vor Aufregung und Planungen nicht zur Ruhe kommen und Ihr Herz schon erwartungsfroh Kapriolen schlägt. Probieren Sie's aus: Tunken Sie in der Nacht Ihre befeuchtete Fingerspitze in etwas Pulverkaffee und lecken Sie diese ab: In vielen Fällen schlafen Sie danach bald entspannt und tief. Ich kenne inzwischen viele, die diesen 'Trick' beherrschen und ihn seit Jahren in entsprechenden Situationen erfolgreich anwenden.

Wichtig ist, dass sich die Schlaflosigkeit ziemlich genau wie oben beschrieben gestaltet. Bei ungenauer 'Arzneiwahl', also wenn Sie aus Kummer, Überarbeitung, Schmerzen, gestörtem Tag-Nacht-Rhythmus oder vielen anderen Gründen nicht gut schlafen, oder wenn statt kaffeetypischer 'Aufgekratztheit' eine dösig-müde Schlaflosigkeit oder körperliches ruheloses Umherwälzen vorliegt, wirkt der 'Kaffeetrick' nicht. Wenn Sie am Tag zuvor zu viel Kaffee getrunken haben, also quasi 'vergiftet' sind, natürlich auch nicht: 'Ähnliches werde mit Ähnlichem geheilt', nicht 'Gleiches mit Gleichem'!

Vor den Erfolg ist stets eine qualifizierte Arzneiwahl gesetzt! Das gilt schon für das gerade beschriebene winzig kleine 'Kaffee-Syndrom' und umso mehr für eine komplizierte langwierige Gesundheitsverstimmung!

Das Ähnlichkeitsprinzip bleibt jedoch auch bei der Behandlung chronischer Erkrankungen, deretwegen Sie einen Homöopathen aufsuchen, das gleiche. Bei der Behandlung Ihrer chronischen Erkrankung sucht er genau 'Ihr' Pflänzchen oder 'Ihr' sonstiges Mittel heraus. Je besser, tiefsinniger, prinzipieller das Wirkmuster der Arznei zu Ihrem Krankheitsmuster passt, desto tiefgreifender kann sie langfristig heilsame Veränderungen schaffen und umso länger ist der Zeitraum, über den sie (nach komplexen, aber erlernbaren Dosierungsregeln) immer wieder Wirkung zeigt.

Sie können sich vorstellen, dass die Arzneiwahl nicht immer einfach ist und neben dem glücklichen und geschickten Händchen Ihres Homöopathen auch Ihre Mitarbeit und wache Selbstbeobachtung von großem Nutzen sein können.

Den Begriff ‘Homöopathie’ entlehnte Hahnemann dem Griechischen. ‘Ομοιος’ (homoios) bedeutet ‘ähnlich’; wir Homöopathen versuchen ‘Ähnliches mit Ähnlichem’ zu behandeln. ‘Αλλος’ (allos) bedeutet ‘anders’: Allopathen sind Menschen, die ‘Gegensätzliches mit Gegensätzlichem’ zu behandeln versuchen. ‘Gegensätzliches mit Gegensätzlichem’ bedeutet: einen übersäuerten Magen mit alkalischem Magnesium-Aluminium-Schleim, Fieber mit Fiebersenkern, Entzündungen mit Entzündungshemmern usw. zu behandeln. ‘Παθος’ (pathos) bedeutet ‘Unglück’ oder ‘Leiden’, man kennt es aus Worten wie ‘pathetisch’, ‘Pathologe’, oder ‘Psychopath’.

Wie läuft eine homöopathische Behandlung ab?

Sie vereinbaren mit dem Homöopathen/der Homöopathin (gilt fürs ganze Buch) Ihrer Wahl einen Termin zum Erstgespräch. Dieses dauert bei echter, guter Homöopathie immer mehr als eine Stunde, manchmal sogar deutlich länger - zeitliche Vorplanung ist also notwendig. Wählen Sie Ihren Behandler sorgfältig aus; schließlich wollen Sie mit ihm ein Stück gemeinsamen Weges zur Gesundheit gehen und möglichst keinen ‘Pfusch’ erleben. Es sollte auf jeden Fall ‘Klassische Homöopathie’ sein, praktiziert von jemandem, der diese als Kerntherapie ausübt und nicht neben vielen anderen Maßnahmen so nebenbei ‘auch’ noch ein bisschen (mehr dazu später).

In dieser so genannten ‘Erstanamnese’ wird der Homöopath ungewohnt viel über Sie erfahren wollen: Nicht nur Ihre aktuellen Beschwerden in aller Exaktheit, sondern auch Ihre und die Krankheitsvorgeschichte Ihrer Familie, Ihre typischen Begleitsymptome, Ihre Reaktionen auf Nahrung und Umwelteinflüsse ...

Großen Raum nimmt das Verstehen Ihrer typischen Konfliktbewältigungsmuster (von Kindheit bis heute) ein, Ihrer seelischen Verletzungen in der Vergangenheit, Ihrer Ängste und Hoffnungen ... Kurzum: Der Homöopath versucht Sie als ganzheitliches Wesen zu verstehen und zu erkennen, welche Merkmale in Ihrer Symptomatik auffallend, typisch und wiederkehrend sind.

Die Symptomenfülle nach 1½ Stunden Gespräch ist manchmal sehr groß: Es ist, als ob Sie drei Schachteln aus verschiedenen Puzzles auf einen Tisch zusammengekippt hätten. Die Aufgabe des Homöopathen ist nun, aus diesen tausend Fragmenten die aussagekräftigen Steinchen herauszulesen und daraus ein sinnvolles Bild zusammenzusetzen. Nicht einfach - und doch gelingt es oft recht gut, wenn auch manchmal erst nach aufwändiger, aber auch spannender Recherche, gelegentlich bis nach Feierabend.

Wenn Ihr Behandler 'Ihre' Arznei gefunden hat, teilt er Ihnen diese mit und Sie nehmen sie entsprechend seiner Vorgaben ein. Je nach Krankheitslage sehen Sie sich in der Regel nach einigen Wochen wieder und besprechen ausführlich den Verlauf. Der erfahrene Homöopath kann dann beurteilen, ob die Arznei 'anschlägt' und wird mit Ihnen das weitere Vorgehen besprechen.

Diese zweite, ausführliche Sitzung ist unbedingt notwendig, denn reine Selbstbeobachtung ohne objektivierenden Behandler führt uns nicht selten an der Nase herum. Ich erlebe es oft in der Praxis, dass Patienten in ihrer Zweitsitzung zunächst berichten, es habe sich 'gar nichts' gebessert. Nach einer halben Stunde genauer Besprechung des Gesamtverlaufs wird dann sowohl ihnen als auch mir klar, dass auf ganz vielen Ebenen feine Fortschritte eingesetzt haben und ein Verweilen bei der Arznei Sinn macht.

Die meisten Heilungsprozesse beginnen subtil und gewinnen dann allmählich an Fahrt. Es ist wie beim Gärtnern: Erst nach 14 Tagen erkennt man bei genauem Hinsehen einen zarten Keimling. Man lässt ihm Zeit und hegt und pflegt ihn. Nach und nach wird daraus eine kräftige, starke Pflanze. Die Großzahl aller Heilungen (wie übrigens auch die der meisten Krankheiten) läuft ganz unspektakulär an. Homöopathie ist eine leise, sanfte Methode.

Die höchste Tugend eines Homöopathen und Patienten ist, die Entfaltung eines Heilungsprozesses abwarten zu können und nur dann (aber dann auch wirklich!) zu intervenieren, wenn ein neuer Impuls notwendig wird. Natürlich gibt es in der Homöopathie auch die wundersamen, schnellen Heilungen, die gern in Büchern wie diesem aufgeführt werden, aber diese sind Ausnahme und Gnade für Patienten und Behandler.

Eine homöopathische Behandlung setzt sich bei günstigem Verlauf so fort, dass die Abstände zwischen den Terminen immer größer werden und diese schließlich nur noch bei Bedarf vereinbart werden. Entsprechend werden die Arzneigaben seltener.

Logischerweise lässt sich nicht in jedem Fall gleich die richtige Arznei finden (in manchem Fall sogar leider, leider nie!) und manchmal ist in einer Folgesitzung eine Korrektur notwendig, wenn neue Informationen oder Symptome eine besser passende Arznei erkennbar machen. Auch hier ist Besonnenheit vonnöten und ein wilder Aktionismus, mit schnellen Arzneiwechseln den wechselnden Symptomen hinterherzuhecheln, führt praktisch nie zum Heilerfolg.

Die hier und im Folgenden aufgeführten Fallbeispiele sind stark gekürzt und auf das Wesentliche zusammengefasst. Bildlich gesprochen wurden die wichtigen Puzzleteilchen schon für Sie herausgesucht und nun müssen Sie nur noch beim Zusammensetzen mitüberlegen. Es geht also darum, die homöopathische Denkweise zu vermitteln, die ganz andere Denkmuster hat als die konventionelle Medizin, und nicht um eine ausführliche Falldokumentation.

Fallbeispiel #1: Angina pectoris und Angstattacken

Es handelt sich um eine 71-jährige Frau, die seit mehr als einem Jahr unter nächtlichen Angina pectoris-Anfällen leidet. Diese treten immer sehr plötzlich - 'aus heiterem Himmel' - auf und sind verbunden mit großer Unruhe und Todesangst. Noch mehr als 50 Jahre nach Kriegsende träumt sie regelmäßig von Bombenangriffen und ist auch tagsüber extrem schreckhaft, wenn plötzlich ein Düsenjäger am Himmel auftaucht.

Während ihrer Herzattacken, die in den linken Arm ausstrahlen, wird die Patientin beim Aufsitzen immer sehr blass. Sie ist eine Person, die sich viel Kummer um alles Mögliche macht. Außerdem hat sie Angstzustände in einer Menschenmenge und in engen Räumen und sie erinnert sich daran, in allen Schwangerschaften Zahnschmerzen gehabt zu haben. Bisher wurde schulmedizinischerseits 'nichts Organisches' gefunden und es steht ihr daher eine Herzkatheterisierung bevor mit eventueller Dehnung der Herzkranzgefäße.

Wie passen die Symptome der Patientin nun aus homöopathischer Sicht zusammen?

Auffällig ist für den psychologisch Geschulten die Ähnlichkeit zwischen ihren Träumen und ihrer Düsenjägerangst mit dem Muster ihrer Krankheitsbeschwerden: Beides erfolgt plötzlich, wie sie wörtlich sagt: 'Aus heiterem Himmel'. Es gibt eine spezielle homöopathische Arznei, die dieses Muster des plötzlichen Sturmangriffs im Zentrum ihres Arzneimittelbildes hat: *Aconitum napellus*, der 'Sturmhut' oder 'Eisenhut', eine hochgiftige, lila blühende Pflanze, die manche von Ihnen möglicherweise im Vorgarten haben oder von Bergwanderungen kennen.

Auch die auffälligen Begleitsymptome wie Todesangst, Unruhe, Ausstrahlen der Herzbeschwerden in den linken Arm und Blässe beim Aufrichten sind den Homöopathen als zur Arznei *Aconitum* gehörige Symptome bekannt (nachzuschlagen in dicken Büchern und Computerprogrammen). Selbst das lange zurückliegende Symptom der Patientin 'Zahnschmerzen in der Schwangerschaft' passt. Diese Kombination zeigt, dass der Homöopath auffällige Symptome aus der kompletten Biografie verwendet, schließlich will er ein 'chronisch' passendes Mittel finden, das zur ganzen Person passt, nicht nur ein oberflächliches Rezept zur akuten Beseitigung der Beschwerden.

Dass die Patientin zu langwierigem Kummer neigt, ist ein recht allgemeines Symptom, das aber typisch ist für die ganze Pflanzenfamilie, aus der *Aconitum napellus* stammt: die Hahnenfußgewächse. Andere Arzneien aus dieser Pflanzenfamilie sind in dieser Tendenz zu stillem Kummer sehr ähnlich. *Pulsatilla*, *Staphisagria*, *Cimicifuga* und *Helleborus*; homöopathische Arzneien, die manchen von Ihnen vom Namen her wahrscheinlich bekannt sind. Kenntnisse über die Pflanzensystematik bereichern in manchen Fällen die homöopathische Arbeit sehr!

Wir sehen also: Ein zentrales Lebensmuster ('plötzlicher Sturmangriff') stimmt überein, die Begleitsymptome passen und auch bei den chronischen Wesenszügen der Patientin gibt es Anhaltspunkte, die für die Verordnung der homöopathischen Arznei *Aconitum napellus* sprechen.

Die etwas an einen Helm mit Visier erinnernden Blüten von *Aconitum napellus*.

Die Arznei wurde der Patientin in fachmännischer Dosierung verordnet und siehe da: Die Patientin hatte *nie wieder* solche Anfälle! Der Eingriff am Herzen blieb ihr erspart und auch bei ein paar anderen Beschwerden, die im Verlauf der nächsten neun Jahre auftauchten (so lange hatten wir noch Kontakt), wirkte *Aconitum napellus* stets lindernd oder heilend. Es war 'ihr' gut gewähltes, chronisches Mittel, zur ganzen Person passend, die Eckdaten ihrer Biografie und ihre Symptome miteinbeziehend. Es macht nachdenklich, dass offenbar ein Kriegstrauma, welches ein halbes Jahrhundert zurückliegt, noch heute als Spätfolge eine körperliche Beschwerde prägen kann!

Wer solche Behandlungsverläufe wie diesen auch nur einmal beobachtet hat, wird zum echten Fan der Homöopathie! Patienten mit Angstzuständen sind in der homöopathischen Praxis eine relativ große Gruppe und vielen von ihnen kann mit etwas Geduld durchgreifend geholfen werden.

Warum keine ‘chronische’ Selbstbehandlung?

Es gibt so viele homöopathische ‘Ratgeber’ und populärwissenschaftliche Veröffentlichungen zu dem Thema; das Internet ist voller homöopathischer Tipps und Foren, warum also nicht selbst mal ein paar Mittel ausprobieren?

Absolut: Versuchen Sie es! Sie werden feststellen, dass Sie bei der Beseitigung akuter Beschwerden bei sich oder Ihren Kindern häufig schöne, kleine Erfolge mit der Homöopathie haben. Doch ‘chronisch’ kommen Sie nicht voran und die Beschwerden kehren leider meist immer wieder. Das liegt nun weder an den gut meinenden Ratgebern noch an Ihrer Umsetzung, sondern am Prinzip und an der Komplexität einer chronischen Erkrankung. Akute homöopathische Behandlung ist eine erfreuliche Kunst, die jedoch bald ihren Reiz verliert, wenn der Wunsch nach langfristigem Gesundwerden in den Vordergrund rückt.

Kein erfahrener Homöopath würde sich je selbst chronisch behandeln wollen und selbst bei Familienmitgliedern und guten Bekannten ist ihm eine lang angelegte Behandlung in aller Regel nicht möglich, weil er ‘zu nah dran’ ist. Er erkennt Besonderheiten nicht mehr und nimmt sie als gegeben. Er hat auch zur langfristigen Verlaufsbeurteilung zu häufigen Kontakt und ihm fehlt die Führungskraft und Autorität eines neutralen außenstehenden Behandlers.

Die Chance, durch Selbstbehandlung und -analyse die richtige ‘chronische’ Arznei zu finden und vor allem dann auch noch den Verlauf objektiv beurteilen zu können, sind gleich Null. Eine Erfolg versprechende homöopathische Behandlung langwieriger, chronischer Erkrankungen ist praktisch nur durch einen neutralen, guten Klassischen Homöopathen möglich.

Bedenken Sie, dass beim Finden Ihrer chronischen Arznei der Behandler aus der Vielzahl von Symptomen aus Gegenwart und Vergangenheit, die sich zudem auf körperlicher und psychischer Ebene äußern, aus den Besonderheiten, wie Sie auf Ihre Umwelt reagieren, aus Ihren typischen Träumen und tausend anderen Ausdrucksebenen Ihrer Persönlichkeit einige durchgehende Muster erkennen soll. Und nicht nur das, er soll sie auch noch sinnvoll ordnen und zuletzt aus der unendlich großen Natur eine Substanz finden, die per Ähnlichkeitsgesetz möglichst genau zu Ihrem Muster passt und es so nach und nach soweit möglich heilen kann.

Nicht zu unterschätzen ist die professionelle Begleitung des Heilungsverlaufs: Wären Sie sich selbst überlassen, würden Sie zum falschen Zeitpunkt zu Ungeduld neigen oder das zwischenzeitliche Auftauchen von Symptomen (was durchaus im Sinn einer Heilung sein *kann*) falsch einschätzen.

Nach modernen Kriterien ist das Merkmal einer 'chronisch' gut gewählten Arznei übrigens, dass sie zwischenzeitlich auch bei Ihren 'akuten' Beschwerden (beispielsweise ein behandlungsbedürftiger grippaler Infekt) gut hilft. Nehmen Sie nie ohne Absprache mit Ihrem Behandler eine andere homöopathische Arznei aus Ihrer Hausapotheke ein: Kaum etwas kann den chronischen Heilungsverlauf mehr stören als eine 'dazwischenfunkende' andere homöopathische Arznei!

Wenn Sie nach einiger Zeit mit Ihrem Behandler gut eingespielt sind, können Sie irgendwann auch selbstständig einschätzen, wann Sie von Ihrer akuten Bedarfsarznei (die mit der chronischen identisch ist!) etwas einnehmen oder wie Sie diejenige Ihrer Kinder im akuten Krankheitsfall dosieren. Sie erkennen also, dass eine homöopathische Hausapotheke als Begleitung einer fundierten chronischen Behandlung keinen Sinn macht.

Außerhalb einer chronischen homöopathischen Behandlung ist natürlich nichts dagegen einzuwenden.

Mit 'akuten' Mitteln, verordnet nach einem Ratgeberbüchlein, beseitigen Sie aktuelle Symptome und tun im Grunde - allerdings mit sanfteren Arzneien - Ähnliches wie ein Schulmediziner, der kurzsichtig Symptome 'unterdrückt' und nicht bemerkt, dass 'chronisch' gesehen der Patient nach und nach immer kränker wird. Was will ich damit andeuten? Lesen Sie weiter.

Schulmedizin und Homöopathie - verträgt sich das?

Von einigen Patienten wird der zunächst verständliche Wunsch geäußert, sowohl schulmedizinisch medikamentös versorgt zu sein, als auch homöopathische Arzneien einzunehmen.

Das ist gar nicht so einfach, denn hier treffen nicht nur zwei unterschiedliche Arzneiformen aufeinander, sondern, wenn man sie genauer kennt, zwei konträre Modelle/Interpretationen von Krankheit und der Beurteilung von Symptomen.

Während die Schulmedizin im technischen Bereich tolle Fortschritte gemacht hat, ist ihre philosophische Seite verkümmert. (Dieses Phänomen gilt fast für die gesamte moderne Gesellschaftsentwicklung.) Die Frage nach Sinn und der Aussage von Krankheit und Symptomen ist unter die Räder gekommen. Im Prinzip wird praktisch *jede* Erkrankung (außer chirurgische und ähnliche Fälle) als eine chemische Störung betrachtet, die man entsprechend mit einer oder mehreren Arzneien zu beheben versucht. Mehr grundlegendes Denkgebäude hat die Schulmedizin kaum zu bieten, wie Sie feststellen werden, wenn Sie sich zurücklehnen und hinter die Fassade von Hightec und weißem Kittel schauen. Der Mensch wird als ein hochkomplexes Chemielabor verstanden, Symptome als Fehlreaktionen, die man durch Einsatz von korrigierenden Chemikalien bestmöglich im Zaum halten will. Das Chemielabor befindet sich in einer Maschine, die sich 'abnutzt' (*das* orthopädische Lieblingswort).

Dieses medizinische Weltbild klebt zeitgeschichtlich gesehen in der industriellen Revolution fest, obwohl die Welt sich weitergedreht hat und wir längst im Informationszeitalter angekommen sind. Durch Verfeinerung der Methoden ist die Schulmedizin inzwischen bei den Genen angelangt; nach und nach wird für jede erdenkliche Krankheit die 'genetische Ursache' ausgemacht. Doch auch dort wird man die wahre, nach Ansicht der Homöopathen immaterielle Ursache von Krankheit selbst mit dem exaktesten Elektronenmikroskop nicht finden können.

Der Homöopathie-Begründer Samuel Hahnemann hat es bereits 1810 brillant formuliert und sein Krankheitsmodell wird auch heute noch (in unterschiedlichen weltanschaulichen Variationen) von den meisten Homöopathen als Nonplusultra akzeptiert. Es ist nicht ganz einfach, aber bitte lassen Sie sich auf die schöne altertümliche Sprache und den verschachtelten Satzbau ein und Sie werden erkennen, wie zeitlos und ganzheitlich Hahnemann schon Anfang des 19. Jahrhunderts gedacht hat:

“Im gesunden Zustande des Menschen waltet die geistartige ... Lebenskraft unumschränkt und hält alle seine Teile in bewundernswürdig harmonischem Lebensgange in Gefühlen und Tätigkeiten, so dass unser inwohnende, vernünftige Geist sich dieses lebendigen, gesunden Werkzeugs frei zu dem höhern Zwecke unsers Daseins bedienen kann” ... “Der materielle Organism, ohne Lebenskraft gedacht, ist keiner Empfindung, keiner Tätigkeit, keiner Selbsterhaltung fähig; nur das immaterielle, den materiellen Organism im gesunden und kranken Zustande belebende Wesen (das Lebensprincip, die Lebenskraft) verleiht ihm alle Empfindung und bewirkt seine Lebensverrichtungen” ... “Einzig die krankhaft gestimmte Lebenskraft bringt die Krankheiten hervor, so dass dic unsern Sinnen wahrnehmbare Krankheits-Äußerung zugleich alle innere Veränderung, das ist, die ganze krankhafte Verstimmung der innern Dynamis ausdrückt und die ganze Krankheit zu Tage legt” ... “Das Leiden der krankhaft verstimmten, geistartigen, unsern Körper belebenden Dynamis (Lebenskraft) im unsichtbaren Innern und der Inbegriff der von ihr im Organism veranstalteten, äußerlich wahrnehmbaren, das vorhandene Übel darstellenden Symptome, bilden nämlich ein Ganzes, sind Eins und Dasselbe. Wohl ist der Organism materielles Werkzeug zum Leben, aber ohne Belebung von der instinktartig fühlenden und ordnenden Dynamis so wenig denkbar, als Lebenskraft ohne Organism; folglich machen beide eine Einheit aus, obgleich wir in Gedanken diese Einheit, der leichtern Begreiflichkeit wegen in zwei Begriffe spalten.”

Drücken wir das ganz nüchtern und modern aus: Wenn wir krank sind, ist unsere Software (die geistartige Lebenskraft) gestört, die Symptome drücken sich aber über die Hardware (Körper) aus. Dumm gelaufen, wenn nun ein Elektriker alter Schule sich an die Reparatur macht, in dessen Weltbild es den Begriff ‘Software’ noch nicht gibt! Er wird mit perfekter Technik Lötstellen auf den

Platinen bearbeiten und Teile austauschen und sich wundern, wieso der Computer immer schlechter läuft! Die, die von 'Software' reden, wird er als Scharlatane oder Spinner beschimpfen.

Im lebendigen, sinnvoll agierenden Organismus ist es noch dramatischer. Ein gesundheitliches Ungleichgewicht versucht der Organismus meist auf wundersam optimale Art auszugleichen: Genau diese Ausgleichsbemühungen sind die spürbaren Symptome! Sie haben also im Gesamtzusammenhang ihren Sinn und wollen verstanden werden. Sie sinnentleert zu beseitigen schafft immer größeres Ungleichgewicht!

Die weise Natur produziert diese Symptome zunächst in Regionen, die für das Gesamtsystem relativ unwichtig und peripher sind. Beseitigen Sie diese Symptome (≈ Ausgleichsbemühungen!) nur lokal, ist der Organismus gezwungen, auf zentraleren, essentielleren Ebenen Ausgleich (≈ neue Symptome) zu schaffen. Beseitigen Sie wiederum diese Symptome oberflächlich, werden noch zentralere Ebenen angegriffen.

Nehmen wir als Beispiel einen chronischen Hautausschlag, Neurodermitis. Subjektiv manchmal extrem einschränkend für den, der chronisch daran erkrankt ist. Die Lebensqualität leidet sehr; absolut verständlich ist der Wunsch des Kranken, solche Symptome möglichst bald loszuwerden. Leider allzu oft wird dieser Versuch ganz kurzsichtig mit einer Salbe unternommen, die, wie wir Homöopathen sagen, den Hautausschlag 'unterdrückt'. Als ob es reichen würde, neu zu tapezieren, wenn die alte Tapete durch Feuchtigkeit in der Bausubstanz fleckig geworden ist!

In nicht wenigen Fällen - Neurodermitiker können davon ein Lied singen - nehmen durch diese Falschbehandlung die Hauterscheinungen ab, doch siehe da: Ganz klammheimlich treten vermehrt Heuschnupfen und andere Allergien auf. Was verschreibt der nächste 'Fachmann'? Klar, antiallergisches Nasenspray und Ähnliches. Doch auch hier lässt das Voranschreiten der Symptome zum Zentrum hin nicht lange auf sich warten: Asthmatische Beschwerden, die natürlich wieder von einem weiteren 'Fachmann' mit künstlich Bronchien erweiternden Substanzen et cetera behandelt werden. Die erste Beschwerde wurde vom Hautarzt behandelt, die zweite vom HNO-Arzt, die letzte vom Lungenfacharzt, ein Therapie-Ansatz, der ganzheitliche Patientensicht praktisch ausschließt!

Tausende Neurodermitiker ⇔ Asthmatiker kennen diesen Ping-Pong-Effekt: Ist das Asthma besser, wird die Haut schlechter ≈ eigentlich ein Heilschritt, weil die Symptome wieder auf unwichtigerer Ebene erscheinen! Wird die Haut durch kräftiges Cremen wieder 'besser', kehrt das Asthma zurück ≈ ein Kränkerwerden, weil die Symptome mehr zum Zentrum wandern. Ich habe in einer Podiumsdiskussion erleben müssen, dass ein anerkannter 'Lungenspezialist' die Existenz dieses Phänomens schlichtweg leugnete, welches natürlich auch in der Schulmedizin bekannt ist, dort aber anders, beziehungsweise gar nicht interpretiert wird. Wahrscheinlich hatte er sich noch nie mit einem 'Hautspezialisten' unterhalten. Diskussionspartner war übrigens der griechische Homöopath Georgos Vithoulkas, der für seine Verdienste um die 'Medizin der Zukunft', wie er die Homöopathie bezeichnet, 1996 den alternativen Nobelpreis erhielt. Homöopathie im Aufwind!

Wie geht die Homöopathie eine Krankheit wie Neurodermitis an?

Nun, Sie kennen die Vorgehensweise schon ein bisschen: Wie im Fallbeispiel #1 versucht der Homöopath in einer langen Anamnese alle 'Äußerungen der verstimmten Lebenskraft' zu erfahren. Er ordnet und analysiert sie und findet mit präziser Methodik eine Arznei, die zum Gesamtbild des Patienten passt. Ist diese gut gewählt, sollten sich nach und nach Besserungen einstellen im emotionalen Befinden, bei den Lungensymptomen, bei den allergischen Symptomen, beim Juckreiz, bei den objektiven Hauterscheinungen ... am besten 'von innen nach außen', wobei das eine Faustregel ist und sich die lebendige Natur oft nicht peinlich genau an von uns erstellte Schemata hält.

Natürlich erhält jeder Patient 'sein' Mittel (für die 'Krankheit Neurodermitis' gibt es keines) und die Heilungsdauer und der Heilerfolg können ganz unterschiedlich sein, je nachdem wie tief verwurzelt das Leiden ist.

Fallbeispiel #2: Asthma und Neurodermitis

Eine 42-jährige Frau, die einen größeren Industriebetrieb leitet, kommt in die Praxis. Ihre Hauptbeschwerden sind Asthma und Neurodermitis. Sie benutzt seit 30 Jahren Salben und Sprays - auch cortisonhaltige - und hat schon eine medizinische Odyssee und viele Kuren hinter sich. Das schlimmste Allergen ist Hausstaub. Die Patientin ist sehr kältlich und auch die Neurodermitis ist im Herbst und Winter deutlich schlimmer: großflächigerer Befall, mehr Jucken, mehr Kratzen.

Die Patientin ist permanent nervlich angespannt und gestresst, sie muss ständig ihre Finger beschäftigen und reagiert ihre innere Anspannung in der Freizeit mit schnellem Fahrradfahren ab. Sie fährt auch schnell Auto und trinkt viel Kaffee. Trotz ihrer gesicherten Position hat sie auffallenderweise Verarmungsängste und träumt von Geldverlusten. Geld war in ihrer Kindheit das wichtigste Zeichen elterlicher Zuwendung. Dabei hat sie ausgeprägtes soziales Mitgefühl und wird von schlimmen Schuldgefühlen geplagt, wenn sie Mitarbeiter entlassen muss.

Homöopathische Analyse: Unbegründete Verarmungsängste sind das auffallendste Phänomen in diesem Fall. Wir Homöopathen kennen zu diesem Phänomen passend so um die 60 Arzneien (oder können sie im Buch nachschlagen). Bei einigen davon hat sich die Beachtung dieses Symptoms besonders bewährt (in unserem Buch stehen diese im Fettdruck). Eine von diesen ist die potenzierte Krätzemilbe, die homöopathisch *Psorinum* heißt. (Was so alles Lustiges in der Homöopathie zur Arzneiherstellung verwendet wird und wie diese Arzneien dann hergestellt werden, lesen Sie nachher.)

Von *Psorinum* ist auch bekannt, dass es zur Verzweiflung treibende, juckende Hautausschläge heilen kann, die im Winter schlechter sind, und dass es generell besser zu kältlichen Personen passt.

Milben zählen biologisch zu den Spinnentieren und permanente innere Anspannung, unruhige Arme und Beine, Liebe für Geschwindigkeit und Kaffeeverlangen bestätigen dem Homöopathen, dass es sinnvoll ist, in Richtung 'Spinnenmittel' zu denken. (Auch die schwarze Witwe und die Tarantel sind übrigens im homöopathischen Arzneischatz, selbst unsere ungeliebte Hauswinkelspinne.)

Das ausgeprägte soziale Mitgefühl mit Neigung zu schlechtem Gewissen ist von *Psorinum* nicht bekannt, obwohl die Arznei seit 200 Jahren 'unter Beobachtung' steht. Hingegen ist es das bei einer sehr ähnlichen, neueren Arznei, und hat sich als Wesensmerkmal erwiesen: bei der potenzierten Hausstaubmilbe mit dem unaussprechlichen lateinischen Namen *Dermatophagoides pteronyssinus*. Erstaunlich: Auf Hausstaub reagiert die Patientin am allerallergischsten.

Derm-p. war also die Arznei für diese Patientin. Obwohl die Prognose bei einer so lange mit Cortison behandelten Krankheit nicht besonders rosig ist, bewirkte *Derm-p.* eine wesentliche Verbesserung von innerer Anspannung, Atmung und Haut (in dieser Reihenfolge!) bei der Patientin. Wenn sich die Probleme wieder vermehrten, half eine Wiederholung der Arznei in jeweils geeigneter Dosierung. Eine vollständige Heilung wurde in diesem Fall nicht erreicht, aber der Grad der *dauerhaften* Verbesserung war beeindruckend.

Bei Asthma-, Neurodermitis- und Infektanfälligkeits-Kindern, die noch nicht allzu lange mit der chemischen Keule dauertraktiert wurden, ist homöopathisch oft noch eine 'restitutio ad integrum', ein Wiederherstellen der Unversehrtheit möglich.

Gegen alles ist ein Kraut gewachsen; für jede innere Unordnung gibt es in der Außenwelt eine Entsprechung oder ein Korrigens und sei es wie in diesem Fall ein zunächst so unsympathisch wirkendes Wesen wie die Hausstaubmilbe. Wir sehen: Auch sie hat ihren Sinn und Zweck und ihre Rolle in diesem Universum, und wäre es auch nur als Heilmittel für diese eine Patientin und als Aktrice in diesem Buch.

Seit etwa zehn Jahren habe ich in meiner Praxis praktisch alle Patienten nach ihren Bezügen zur Natur befragt. Die Hitparade der unbeliebtesten Tiere führt eindeutig die Stechmücke/der Moskito an, welches selbst eingefleischte Tierfreunde in schwülen Spätsommernächten gnadenlos jagen und terminieren. Und doch gibt es auch Patienten, für die die daraus bereitete Arznei (*Culex musca*) zum Heilmittel wird. Ähnlich unbeliebt (aber wesentlich seltener genannt) ist die Zecke (*Ixodes ricinus*) und mehrfach habe ich dazu von ganz verschiedenen Patienten spontan die Frage gehört, wozu ein solch Blut saugendes und Krankheiten verbreitendes Wesen überhaupt existiere. Als Heilmittel (beispielsweise bei Folgen von Blutverlusten) macht ihre Existenz allemal Sinn!

Wenn wir gerade dabei sind: Top-Scorer bei den unbeliebtesten Lebensmitteln sind Rosenkohl, Graupensuppe und Innereien. Bei den Pflanzen führen Brennnesseln und Kakteen die Unbeliebtheitsskala an, doch auch die Nelke ('weil sie an Friedhof erinnert') erfreut sich auffallender Ablehnung. Die beliebtesten Tiere sind natürlich Hunde und Katzen, das beliebteste Material ist Holz und der bei weitem am häufigsten geäußerte Verwandlungswunsch ist der in einen Adler.

Woraus und wie werden die homöopathischen Arzneien hergestellt?

Eine verbreitete Falschmeinung (auch unter allopathischen Ärzten) ist, homöopathische Arzneien seien 'pflanzliche Mittel'. Homöopathische Arzneien werden aus einer Vielzahl von Ausgangsstoffen hergestellt, darunter befindet sich unbestritten eine Großzahl von (Heil-)Pflanzen aus aller Welt: Über *Aconitum napellus* haben Sie vorhin ein bisschen erfahren, aber wir haben auch Arzneien aus Gänseblümchen, Schierling und Fliegenpilz zu bieten. Viele mineralische Stoffe - beispielsweise Kochsalz, Silber oder Pottasche - sind Ausgangsstoffe, aus denen Homöopathika verrieben werden, ebenso wie Substanzen tierischen Ursprungs: Im vorangegangenen Fall haben Sie von verschiedenen Spinnentieren und Insekten gehört, andere 'tierische' Beispiele sind Schlangengifte, Katzenmilch und Krötenhaut ... ja, wir sind wahre Hexenmeister.

Aber keine Angst, die vielen gefährlich klingenden Ausgangssubstanzen sind kein Verrat an einer sanften Therapie: Durch die spezielle homöopathische Arzneizubereitung werden die Ursprungssubstanzen von ihrer Giftigkeit und Grobstofflichkeit befreit, bis zuletzt nur noch ihre Heilkraft/ihr reines Wirkprinzip in Form von Information zurückbleibt. Diese Heilkraft soll entsprechend dem homöopathischen Modell von Krankheit direkt auf die 'Lebenskraft' des Patienten wirken.

Kommt es bei einer fachmännisch gewählten homöopathischen Arznei durch die Wesensähnlichkeit von Arznei-Heilkraft und Patienten-Lebenskraft zu einer Resonanz (ein Funktechniker würde vielleicht 'Interferenz' sagen), beginnen die Selbstheilungskräfte 'aufzuräumen': Nach und nach sollten sich dann die spürbaren Symptome neutralisieren und sich eine verbesserte subjektive wie objektive Gesundheitslage einstellen.

Wenn Sie eingangs Hahnemanns Krankheitsbegriff von der "geistartigen Lebenskraft" nachvollzogen haben, sehen Sie nun das therapeutische Pendant: die vom "materiellen Organism" befreite "arzneiliche Heilkraft". Hahnemanns Konzept wird in sich schlüssig. Wissen Sie, was 'medica mente!' wörtlich übersetzt heißt? Es heißt: 'Heile mit dem Geist!'

Nach dem Formulieren des Ähnlichkeitsgesetzes war Hahnemanns zweiter großer Coup die spezielle Art der Arzneiherstellung, das so genannte 'Potenzieren.' Dazu wird eine Ausgangssubstanz, meinetwegen ein Tropfen Quecksilber, schrittweise verdünnt und verrieben oder verschüttelt. Es gibt verschiedene Variationen und Verdünnungsgrade, ich möchte die heute gängigste Arzneiherstellungsvariante beschreiben:

In einem Porzellanmörser wird zusammen mit einem Drittel einer bestimmten Menge Milchzucker (welcher als arzneilich neutral gilt) die Ausgangssubstanz mit Hilfe eines Pistills 20 Minuten lang verkleinert und verrieben und das anhaftende Gemisch zwischendurch mit einem Schaber von der Wand des Mörsers gekratzt. Nach 20 Minuten wird das zweite Drittel Milchzucker hinzugefügt und es wird wieder 20 Minuten lang zerrieben (und zwischendurch von der Mörserwand gekratzt). Danach kommt das dritte Drittel hinzu - 20 Minuten reiben und kratzen. Nach ziemlich exakt einer Stunde ist die erste Arzneistufe hergestellt: die so genannte 'C1'. 'C' ist das lateinische Zeichen für 100 und soll sagen, dass in 100 Teilen Milchzucker ein Teil Arznei verrieben wurde.

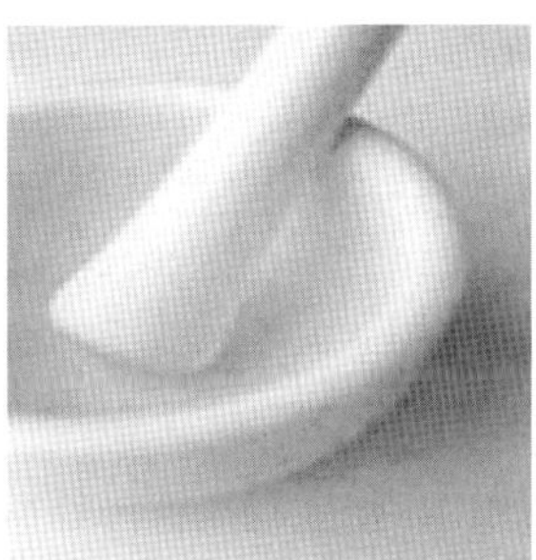

Porzellanmörser mit Pistill

Jetzt geht das Spiel von vorne los, wieder im Verhältnis 100:1 werden Milchzucker und ein winziges bisschen der ersten Stufe eine Stunde lang wie oben beschrieben gerieben: Jetzt haben wir die Stufe 'C2'. Das Verdünnungsverhältnis ist jetzt schon 1:100:100 = 1:10.000! Sie ahnen jetzt schon den einstündigen Weg zur 'C3'. Wir sind dann bei 1:1.000.000 angelangt. Manche Hersteller reiben noch eine Stunde weiter bis zur 'C4', aber spätestens dann erfolgt die weitere Herstellung in flüssiger Form: eine Einheit der vorherigen Stufe auf 100 Tropfen Alkohol. Es wird zehnmal kräftig geschüttelt und schon haben wir die nächste Stufe, das heißt ab hier geht es schnell. Die gängigsten Potenzstufen in der Klassischen Homöopathie sind die C30, C200, C1000 (auch 'M' genannt) und C10000 (auch 'XM' genannt). Sehr hohe Potenzen werden maschinell hergestellt.

C-Potenzen (in Hunderterschritten verdünnte Potenzen) werden in seltenen Gaben in größeren Zeitabständen verabreicht. Dann gibt es noch eine andere gängige Art von Potenzen, die ab der C3 jeweils in einem Doppelschritt 1:50.000 verdünnt werden! Ein nicht sehr kluger Kopf nannte sie Anfang des Jahrhunderts 'LM'-Potenzen, in der Meinung, dass das wohl die lateinische Zahl '50.000' bedeuten würde. 'LM' bedeutet aber '950' - wenn Sie die Struktur lateinischer Zahlen kennen: 1000 minus 50. Nach und nach setzt sich die richtige Bezeichnung 'Q-Potenzen' durch. Q-Potenzen können ihrer sanfteren Verdünnung wegen häufiger verabreicht werden. C-Potenzen und Q(LM)-Potenzen sind die gängigsten Dosierungen in der Klassischen Homöopathie. Sollte Ihr 'Homöopath' überwiegend so genannte niedrige D-Potenzen (im Zehnerschritt verdünnt) verwenden, die nach seiner Meinung wenigstens noch ein bisschen Wirkstoff enthalten, zeigt das nur, dass er selbst noch nicht weit in die geistigen Sphären homöopathischen Denkens vorgedrungen ist: Gerade die von der Materie befreite Heilkraft der Arzneien ist der Clou.

Je höher die Potenzstufe einer Arznei, desto länger und fein verteilter wirkt sie im Organismus. Eine XM (C10.000) ist nicht unbedingt *stärker* als eine C30, aber wesentlich detaillierter wirkend. Stellen Sie sich das vor wie ein Bild mit Millionen von Pixeln im Vergleich zum selben Bild in niedriger Auflösung.

Q(LM)-Potenzen werden meist als Tropfen verabreicht; C-Potenzen werden als Globuli gegeben. Globuli sind kleine mit der Arznei imprägnierte Rohrzuckerkügelchen (bei Kindern besonders beliebt). 'Globus' bedeutet 'Kugel' (wie die Kugelform der Erde); 'Globulus' bedeutet 'kleine Kugel': ein Globulus, mehrere Globuli.

Es wirkt zunächst unglaublich, dass ein paar kleine weiße Kügelchen von der Größe eines Senfkorns, die zudem chemisch gesehen nichts mehr enthalten, in ihrer langfristigen Wirkung mehr Gesundheit erzeugen sollen als eine hochtechnisierte Medizin es oft zu Stande bringen kann. Aber wirkt es nicht auch erstaunlich, dass ein kleines Samenkorn, auf fruchtbaren Boden gesät, nach Jahren zu einem riesengroßen Baum heranwächst, sodass die Vögel des Himmels kommen und in seinen Zweigen wohnen, während die moderne Wissenschaft noch nicht einmal einen synthetischen Grashalm konstruieren könnte?

Die Arzneiherstellung für den Markt erfolgt in Deutschland standardisiert in Laboren mit strengen Zulassungsbedingungen. Bei der manuellen Verreibung der ersten Stufen werden schon starke Arzneikräfte frei und es ist eine eindrückliche Erfahrung in Homöopathie-Arbeitskreisen, einmal an solch einer Verreibung teilzunehmen und zu spüren, wie sich die Arzneikräfte allein durch die mehrstündige Zubereitung auf einen selbst und sogar die ganze Gruppe auswirken.

Ist Homöopathie beweisbar?

Ist das nicht alles esoterischer Humbug? Wenn Sie der Meinung sind, dass ein Mensch (und auch andere Lebewesen) kein Bewusstsein besitzt, das über den rein mechanischen und chemischen Körper hinausgeht, haben Sie Recht! Dann sollten Sie aber auch konsequent bei allen gesundheitlichen Problemen brav Ihr Glück in den bitteren Pillen suchen, die die Industrie Ihnen wohlverdienendermaßen anbietet. Für alle anderen bietet die Homöopathie einen empirisch bewährten Weg zu mehr Gesundheit.

Das hören Sie ja immer wieder von Homöopathie-'Gegnern': Alles sei 'wissenschaftlich' gar nicht bewiesen. Nicht bewiesen? Wer so etwas behauptet, ist schlichtweg schlecht informiert, verschließt die Augen vor unbequemen Fakten und steckt den Kopf in den Sand.

Über zwei Jahrhunderte haben Homöopathen aus aller Welt in ihren Fachzeitschriften und Büchern viele tausend Heilungen dokumentiert. Sie sind jederzeit nachlesbar - wenn man es wirklich wissen will und sich darum kümmert. Warum also diese Stammtisch-Behauptung von Unwissenschaftlichkeit? Die Homöopathie steht seit zwei Jahrhunderten wie ein Fels in der Brandung, während in der konventionellen Medizin - historisch beweisbar - fast stets der Fortschritt von heute der Kunstfehler von morgen ist. Tipp: Wenn Ihnen Ihr Facharzt das Allerneueste anpreist, fragen Sie ihn bitte, ob er nichts Bewährtes hat!

Es liegt unter anderem an dem typischen Versuchsaufbau moderner 'Wissenschaft'. (Nebenbei: Ob sie mit ihrer Methodik wirklich Wissen *schafft* und nicht auch Wissen *verhindert*, muss sie erst einmal selbst beweisen!) Als 'bewiesen' gilt, was in einem Reihenversuch statistisch signifikant reproduzierbar ist: für 1000 Ratten das gleiche Gift mit wiederholbaren Wirkungen.

Wie Sie als Leser bisher gesehen haben, arbeitet ein Homöopath gerade *nicht* mit Reihentherapie und versucht, für jedes Individuum dessen persönliches Arzneimittel zu verabreichen, abhängig vom Gesamtbild des Patienten und unabhängig von einer Diagnose! Das im Reihenversuch nachzustellen wäre absurd. Von Halbhomöopathen wurde es natürlich trotzdem schon versucht - mit entsprechend niederschmetternden Ergebnissen. In einer Studie schnitt Homöopathie sogar signifikant schlechter ab als Placebo! (Was ja eigentlich, wie Statistiker wissen, ihre 'Wirksamkeit' beweist!)

Sicher kennen auch Sie Menschen, die positive Erfahrungen mit der Wirksamkeit homöopathischer Mittel gemacht haben. Sollten die alle einem Phantom hinterherjagen? Jährlich hunderttausende von Patienten und tausende von Homöopathen? Alle leichtgläubige Opfer einer Scheintherapie? Waren auch die vielen Säuglinge und Tiere, die unter einer homöopathischen Behandlung gesund wurden, vom Virus der weltanschaulichen Manipuliertheit befallen? Es fällt den Inquisitoren des alten Weltbilds immer schwerer, ihr brüchiges Dogmengebäude aufrechtzuerhalten. Doch die Erde ist ein Globus, keine Scheibe, und sie dreht sich um die Sonne.

Homöopathische Globuli sind die 'Datenträger' der Arznei-Information. Chemisch unterscheiden sie sich absolut nicht voneinander, aber sie tragen verschiedene Informationen. Kein materiell-wissenschaftlicher Versuch kann das je beweisen. Kein Chemiker in einem millionenteuren Labor könnte je herausfinden, ob auf die CD, welche Sie ihm zur Analyse geben, die Symphonie aus der Neuen Welt von Antonin Dvořák oder der Punk aus der Neuen Welt von den Ramones gebrannt ist. Mit einem billigen CD-Player jedoch finden Sie den Unterschied sofort heraus.

Das einzige 'Abspielgerät' für homöopathische Arzneien ist ein Lebewesen, das zudem noch auf Wellenlänge der Information liegen muss, um zu reagieren: Auch das ist wieder schwer beweisbar, außer durch (eigene) Erfahrung, was die 'Wissenschaftlichkeit' der Homöopathie natürlich angreifbar macht.

Homöopathie-'Gegner' ist übrigens ein skurriler Begriff. Hahnemann hat ja keine neue Heilmethode 'erfunden', sondern in der Ähnlichkeitsregel nur ein Naturgesetz beobachtet und zu beschreiben versucht. Homöopathie-'Gegner' zu sein ist so ähnlich wie Schwerkraft-'Gegner' zu sein: Obwohl sie zweifelsfrei wirkt, würde man die Schwerkraft bestreiten, weil man den Wirkmechanismus nicht verstünde bzw. die bisherigen Erklärungsmodelle nicht dem eigenen Weltbild entsprächen.

Zugegebenermaßen ist es schwer vorstellbar, dass so hohe, 'nichts' enthaltende Verdünnungen wirksam sein sollen. Im Gegensatz zu den Chemikern haben Physiker mehr Respekt vor Atomen und noch kleineren Teilchen. Wussten Sie übrigens, dass beide Eltern von Marie Curie, der Entdeckerin der bis 1934 nicht messbaren Radioaktivität, begeisterte Homöopathie-Kundige waren?

Nehmen wir, um zu einem praktischen Beispiel zurückzukehren, eine in den letzten Jahren grassierende Modediagnose wie 'Fibromyalgie'. Es handelt sich im weiteren Sinne um eine Art Weichteilrheumatismus mit typischen Symptomen wie wechselnden Schmerzen vor allem im Bewegungsapparat und emotionalen Begleitsymptomen, die einer Depression ähneln. Lange galten diese Patienten in der Schulmedizin als eine Art

Hypochonder oder 'Psychos' weil man keine 'körperlichen Ursachen' für die Symptome finden konnte. Außer schmerzlindernden Maßnahmen und Kurverschickungen war nicht viel zu gewinnen. Inzwischen wurde endlich eine standardisierte Verdienstquelle gefunden: Es handele sich vor allem um eine 'Stoffwechselstörung im Gehirn' (?) und da hälfen nur ... Psychopharmaka!

Nach Meinung der Homöopathie gibt es in der Regel praktisch überhaupt keine 'körperlichen Ursachen' (außer in gewisser Hinsicht durch Verletzungen, Fremdkörper, Vergiftungen und Ähnliches), sondern nur eine gestörte Lebenskraft. Sie können froh sein, wenn Ihre schulmedizinischen Diagnostiker keine 'körperliche Ursachen' gefunden haben, auch wenn verständlicherweise Unbehagen zurückbleibt, wenn keine klare Diagnose besteht und man nicht weiß, 'wo die Krankheit herkommt'. Denn in diesem Fall sind Sie noch so gesund, dass keine Organe beschädigt wurden.

Werden aber 'körperliche Ursachen' gefunden und bekommen so Ihre Symptome endlich einen Krankheitsnamen, halten Sie bitte einmal inne und denken nach! Sind das wirklich 'Ursachen', Gründe für Ihr Kranksein? Oder ist es nicht vielmehr so, dass Ihre innere Gesundheit schon länger gestört ist? Zunächst litten Sie nur an Unwohlbefinden und funktionalen Störungen, aber irgendwann wurden dann tatsächlich Organfunktionen beeinträchtigt. Und diese beschädigten Organe sollen nun 'Ursache' sein? Sind sie nicht vielmehr das fortgeschrittene Stadium einer lange angebahnten Störung?

Die Verdienste der Schulmedizin in der Behandlung funktionsuntüchtiger Organe sollen hier absolut nicht geschmälert werden; einem Diabetiker, dessen Bauchspeicheldrüse nicht mehr ausreichend arbeitet, verschafft sein künstliches Insulin absolut verbesserte Lebenserwartung und -qualität; einem altersherzschwachen Menschen seine Herztablette wieder Leistungsfähigkeit usw. Nur geht es hier nicht um 'Heilung', sondern dankenswerterweise um kunstvolles chemisches Aufrechterhalten wichtiger Organfunktionen.

Wenn Sie aber 'Heilung' Ihrer Infektanfälligkeit durch immer mehr Antibiotika erwarten, 'Heilung' Ihrer chronischen Hautausschläge durch immer stärkere Salben, 'Heilung' Ihrer chronischen Gastritis durch immer mehr Säureblocker und so weiter, dann, liebe Leser, haben Sie leider bei der konventionellen Medizin aufs falsche Pferd gesetzt. Die Symptome kehren zurück, sobald Sie diese Manipulantien weglassen und durch die Nebenwirkungen richten Sie irgendwo im Körper zusätzlichen Schaden an.

Die Antibiotika haben 'unterstützend' Bakterien gekillt und bei erneutem Bakterienkontakt ist Ihr Organismus noch ein Stückchen ungeübter, das Problem selbst zu lösen. Außerdem haben Sie Ihre Darmflora heftigst beschädigt, eines der wichtigsten Systeme der Immunabwehr. Immer und immer und immer wieder Antibiotika Verschreibende scheinen manchmal nicht Gesundheitsgärtner zu sein, sondern in Wirklichkeit ganz schön was zu verbocken. Genug der Kritik. Ein Antibiotikum bei einer akuten schweren Lungenentzündung oder einer bösartigen Wundinfektion ist ein Segen.

Sind Bakterien 'Ursachen'? Ich würde sagen, aus bestimmtem Blickwinkel ja, das wird besonders bei den beiden gerade eben genannten Beispielen klar. Bei häufigen bakteriellen Infekten sind sie eher Nutznießer einer schlechten Abwehrlage als Ursache. Wenn auf Ihrem Teppichboden im Wohnzimmer Champignons wachsen, sind das keine 'Ursachen', sondern Folge davon, dass Sie fünf Jahre Staub zu saugen vergessen haben!

Der große Bakterienentdecker und Sterilisator Louis Pasteur äußerte - am Ende seines Lebens klüger geworden: "Der Erreger ist nichts, das Terrain ist alles."

Ich hoffe, die Unvereinbarkeit von schulmedizinischem Vorgehen und homöopathischem in vielen Fällen ist inzwischen deutlich geworden. Schön wäre es in unserem Wunschdenken, aber leider funktioniert es nicht, einen Infekt antibiotisch zu behandeln und gleichzeitig mit der Homöopathie 'die Abwehrkräfte' zu stärken. Die Natur spielt da einfach nicht mit.

Die überflüssig häufige antibiotische Vernichtung von Bakterien führt dazu, dass der Organismus immer mehr verlernt, selber seine Probleme zu lösen - wie ein Muskel, den man entlastet, nicht stark, sondern schwach wird. Ich habe in meiner Praxis Fälle von 5-Jährigen erlebt, die in ihrem Leben schon mehr als 20 Mal Antibiotika erhalten hatten! Dabei sollte dieses Wundermittel der neuzeitlichen Medizin Notfällen vorbehalten sein!

Und doch: In vielen gesundheitlichen Situationen - wenn jeder Schuster bei seinen Leisten bleibt - können konventionelle Medizin und Homöopathie, chemische und homöopathische Medikamente relativ gut nebeneinander angewandt werden, besonders bei älteren Patienten, bei denen einige Allopathika manchmal unerlässlich sind.

Fallbeispiel #3: Fibromyalgie

Eine 38-jährige Lehrerin mit der Diagnose 'Fibromyalgie'. Sie hat schon seit 13 Jahren Gelenkbeschwerden und -entzündungen und wechselnde Gliederschmerzen. Sie friert viel und oft und leidet unter gelegentlichen Nachtschweißen. Wenn ihr Knie entzündet und geschwollen ist - so sagt sie - 'kommt da ein Ei raus'. Manchmal möchte sie nicht mehr leben und sagt wörtlich: 'Dann müssen Sie mir den Kopf abhacken!' Auf Nachfrage, wie sie auf dieses Bild kommt, erinnert sie sich an ihre Kindheit, als ihre Großmutter Hühner schlachtete: 'Wenn man den Kopf abgehackt bekommt, ist man tot.' Später erfahre ich, dass Hähnchen Lieblingsspeise der Patientin sind. Seit ihrer Krankheit leidet sie unter großer Schwäche und hat totale Konzentrationsprobleme und bezeichnet sich dann interessanterweise als 'total kopflos'.

Sie war schon bei unzähligen Rheumatologen und auch bei einer Homöopathin, die ihr die Arznei *Silicea* verschrieben hat, welche geringfügige Wirkung zeigte. Tatsächlich weist sie Wesenszüge auf, wie sie als typisch für *Silicea* in homöopathischen Büchern beschrieben werden: Sie war schon ein zartes, ruhiges, schüchternes Kind und ist im Kern bis heute so geblieben. Sie hat immer nach den Erwartungen anderer gelebt. Sie bewundert Steine, vor allem Bergkristalle (= *Silicea*).

Wie habe ich die heilende Arznei gefunden? Nun, als Erstes war die Verschreibung der Vorgängerin, *Silicea* nämlich, sehr gut gewählt. Leider war sie nicht exakt genug, aber vielleicht war es eine Überlegung wert, ob das richtige Mittel 'in der Nähe' zu suchen sei.

Ganz auffällig in den Bildern der Patientin der Wunsch, geköpft zu werden und ihr Gefühl 'kopflos' zu sein. Dazu der starke Bezug zu Hühnern/Hähnchen/Ei. Frage: Wie lässt sich das umsetzen? Antwort: durch viel, viel Studium und Recherche! Zum Glück wurde ich fündig.

Es gibt ein seltenes Metall, das im Periodensystem der Elemente (das kennen Sie noch aus Ihrem Chemieunterricht) schräg unter *Silicea* steht: *Gallium metallicum. Gallium* wurde so zu Ehren Frankreichs benannt. Ihnen ist sicher der Gallische Hahn ein Begriff, das Wappentier Frankreichs und Galliens (das kennen Sie durch die Asterix-Comics). Der französische Entdecker des Elements hieß Paul-Emile Lecoq! Lateinisch 'Gallus' bedeutet 'der Hahn', auf Französisch heißt 'der Hahn' 'le coq'! Ist hier nicht alles auf wundersame Weise miteinander verknüpft?

Homöopathisches Denken kann zu einem Schmelztiegel ganz verschiedener Wissenschaften werden, hier der Chemie, der Geschichte und der Sprachwissenschaft. In jeder Fallgeschichte ist das Muster anderswo versteckt und wie in einem Suchbild hinter vielen anderen Strukturen nur bei genauem Hinsehen erkennbar.

Nun gibt es auch noch eine kleine Arzneimittelprüfung von *Gallium metallicum* (was eine homöopathische Arzneimittelprüfung ist, erfahren Sie nachher). In dieser Arzneimittelprüfung träumte ein Teilnehmer, dass er einem Mann mit einem Schwert den Kopf abhieb. Eine Teilnehmerin träumte von Katzen, denen mit einer Motorsäge der Kopf abgesägt wurde. Verblüffend, nicht wahr? Und das bei der Prüfung eines Metalls, das nach Frankreich benannt wurde, dem Land der Guillotine!

Die Patientin erhielt die Arznei *Gallium metallicum* in verschiedenen Potenzstufen. Eine so komplexe Krankheit heilt nicht schnell mal mir-nichts-dir-nichts aus. So gab es zwei Jahre lang Aufs und Abs und auch einige zwischenzeitliche Krisen, obwohl es für mich als neutralen Beobachter unterm Strich deutliche Hinweise auf eine stete, langsame Besserung gab, vor allem, wenn ich das auffallend gesteigerte Selbstbewusstsein der Patientin mit in Rechnung zog. Zusätzliche Schmerzmittel nahm die Patientin nur noch gelegentlich ein. Inzwischen aber ist sie seit über zwei Jahren komplett beschwerdefrei, die angeblich 'unheilbare' Fibromyalgie hat sich in Wohlgefallen aufgelöst. Unabhängig vom Weltbild ein bemerkenswertes Faktum.

Auch bei 'echtem' Rheumatismus (solcher mit nachweisbaren Rheumafaktoren im Blut) kann die gute Fee Homöopathie Hilfe bieten: Manchmal den Fluch nur abmildern, manchmal ihn sogar aufheben.

Was ist ein Arzneimittelbild und wie entsteht es?

Eine wichtige Basis zur Erstellung eines Arzneimittelbildes, das später dann mit dem Symptomenbild des Patienten verglichen wird, ist die so genannte Arzneimittelprüfung am Gesunden.

Hahnemann hatte ja herausgefunden: Eine Arznei, die in großer Dosierung ein bestimmtes Krankheitsbild erzeugt, kann ein sehr ähnliches Krankheitsbild mit winzigen Dosen beseitigen.

Aus der Literatur - vor allem der kriminologischen! - kannte er als Beispiel Beschreibungen der Wirkungen des Mördergifts Arsen. Die Symptome, die er fand, konnte er schon einmal sichten und ordnen. Aber das waren meist nur grobe, wenig differenzierte Beschreibungen. Um genauere Symptome zu erhalten, nahmen er und einige mutige Kollegen im Selbstversuch die zum ungiftigen Grad verdünnte Arznei *Arsenicum album* so häufig ein, bis Symptome auftraten. Dann setzten sie die Arznei ab und beobachteten in der Nachwirkungszeit ganz genau die viel feineren Symptome und notierten sie. Hahnemann ordnete die Beschreibungen zu einer mehr als 1000 (!) Symptomen langen Liste und veröffentlichte sie in seinem 6-bändigen Werk 'Reine Arzneimittellehre'. Ein weiteres 5-bändiges Werk, 'Die Chronischen Krankheiten', sollte folgen. Hahnemann hat in diesen 12 Bänden einen Katalog mit den Wirkungsbildern von etwa 120 Arzneien geschaffen - in den kommenden zwei Jahrhunderten wurden viele, viele hinzugefügt.

Durch den Vergleich zwischen dem Krankheitsbild der Patienten und der Symptomenliste der Arznei konnten Hahnemann und spätere Homöopathen vielen Patienten helfen; dabei verschwanden oft auch Symptome, die noch gar nicht in der Liste standen: Sie wurden als so genannte 'klinische Symptome' hinzugefügt. Die Liste wurde länger und länger und länger ... in meinem aktuellen Computerprogramm sind 10.457 *Arsenicum album*-Symptome verzeichnet!

Das ist natürlich alles zu gigantisch und ausufernd und in der langen Symptomenreihe finden sich zuhauf kleine, unwichtige örtliche Symptome, aber auf der anderen Seite auch solche, die sich als essentiell herausgestellt haben und Ausdruck des 'inneren Wesens' der Arznei sind. Als Homöopath geht es einem so, dass, wenn man mehrfach eine Arznei erfolgreich verschrieben hat, allmählich ein feineres Gespür für die Arznei erwächst (und für die Patienten, die eine solche Arznei brauchen) und die Arznei zu einer intimen Vertrauten wird. Die zuvor vielzähligen und unübersichtlichen Symptome verdichten sich zu einem gut wiedererkennbaren Wesenskern.

Durch Wissen um die Ausgangssubstanz und ihre Geschichte wird plötzlich auch im homöopathischen Bild alles stimmig und man hat ein kraftvolles, effizientes Werkzeug zur Behandlung der "krankhaft verstimmten, geistartigen Dynamis".

Am Beispiel von *Arsenicum album*, der aus dem Gift Arsen hergestellten Arznei, möchte ich das verdeutlichen.

Das griechische Wort 'αρσην' (arsän) bedeutet 'männlich' im Sinne von 'stark/jung'. Tatsächlich wurde Arsen - außer zum Morden - traditionell angewendet wegen seiner 'jung erhaltenden' Wirkung: Prostituierte in den Südstaaten der USA beispielsweise nahmen kontinuierlich Arsen in kleinen Mengen, um ihr Kapital, einen 'jungen' Körper, zu bewahren. Arsen essende Männer und Krieger machten sich im Altertum stark und unvergiftbar. Jeder Pferdehalter kennt die Wirkung von Arsen: Die Tiere werden leistungsfähiger und ihr Fell glänzt wunderschön. Bis in die 70er Jahre wurden ausgestopfte Tierkörper mit Arsen präpariert - und sind daher heute in den Museen zum Schutz der Besucher in Glasvitrinen gesperrt.

Doch die lebendige Natur lässt sich nur vorübergehend austricksen: Das künstliche Jung-und-Stark-Halten fordert irgendwann seinen Tribut und dann folgen beschleunigt Kräfteverfall, Altern und schließlich Tod (womit wir wieder bei den Mördern angelangt sind).

Diese Polarität zwischen 'stark/jung' und 'Schwäche/Verfall' ist in allen mir bekannten Fällen, in denen *Arsenicum album* das chronische und einzige heilende Arzneimittel war, in verschiedener Ausprägung vorhanden.

Arsenicum album-Patienten wollen (in auffälliger Wichtigkeit für ihr Selbstbild) jung, stark und gesund sein und fürchten nichts mehr als Krankheit, Alter und Tod. Weil sie in ihrem Unterbewusstsein den drohenden Verfall spüren, kompensieren sie in ihrem Alltag mit einer Unmenge von Sicherheitsmaßnahmen. Sicherung ihres Wohlstandes - durch übertriebene Sparsamkeit und Kleinlichkeit. Sicherung der sozialen Einbindung - sie ertragen es nicht allein zu sein und fürchten, sie könnten andere verletzt haben. Sicherung der Gesundheit - kaum jemand nutzt die Vor-Sorge-Angebote des Gesundheitssystems gewissenhafter oder achtet genauer auf Hygiene und Verfallsdaten von Lebensmitteln. Schwachsein, Kranksein, Alter und Tod beunruhigen sie über die Maßen; Angst prägt ihr Leben. Das ist der Kern der Arznei, manchmal deutlich beim Patienten sichtbar, manchmal ist das Muster aber auch nur mit kriminologischem Feingespür und Lupe zu entdecken.

Ich führe hier nun ein paar ausgewählte Symptome aus Hahnemanns ‘Chronischen Krankheiten’ an und Sie werden verblüfft sein, wie klar schon damals die eben genannten Themen zum Ausdruck kamen, und das um 1830, hundert Jahre vor ‘Entdeckung’ der Psychologie:

- ☞ “Die unerträglichste Angst”
- ☞ “Todesangst.”
- ☞ “Jämmerliches Wehklagen, dass ihm die Angst den Odem nehme.”
- ☞ “Er stellte sich die Wirkung des Giftes schrecklich vor und wünschte fortzuleben.”
- ☞ “Unter großer Angst wirft er sich im Bette hin und her.”
- ☞ “Hypochondrische Ängstlichkeit.”
- ☞ “Verzweifelt, ihm könne nichts helfen und er müsse sterben.”
- ☞ “Wenn er allein ist, verfällt er in Gedanken über Krankheit.”

- ☞ "Vorstellungen, es könnte Anverwandten etwas Böses zugestoßen sein."
- ☞ "Schwach an Leib und Seele (mattherzig)."
- ☞ "Er träumte die Nacht unaufhörlich von Gewittern, Feuersbrünsten, schwarzem Wasser und Finsternis."

Hahnemann hat gesagt: "Organism ... und Lebenskraft ... machen beide eine Einheit aus." Wenn also die Lebenskraft in einem bestimmten Muster gestört ist, so drückt sich das gleiche Muster als Gemütssymptome und als Körpersymptome aus.

Ein paar Gemütssymptome von *Arsenicum album* haben wir kennen gelernt und auch die typischen Körpersymptome, die diese Arznei in großer Dosis hervorrufen und in kleiner Dosis heilen kann, sprechen letztendlich von Verfall und Tod: Schwäche bei alten und jungen Menschen; Kollaps mit großer Kälte des Körpers; eingefallenes Gesicht mit tiefer Nasolabialfalte; erschöpfende, austrocknende Durchfälle (mit großem Durst); Lebensmittelvergiftung mit brennenden Magenschmerzen; juckende, brennende, nässende Hautausschläge, Neigung zu Geschwüren mit Gewebszerfall; Krebs; fauliger, kadaverartiger Geruch der Absonderungen, nachmitternächtliches Asthma mit Todesangst ... um nur einige von den 10.457 Symptomen zu nennen.

In der Praxisrealität gestaltet sich die zu behandelnde Symptomatik der *Arsenicum*-Patienten in der Regel zum Glück nicht so drastisch. Aber 'Glück' impliziert für den Arzneisucher auch 'Pech': Die abgeschwächten Symptome sind undeutlicher, subtiler, schwerer einzuordnen. Nur das geübte Auge kann hinter den Symptomen das Muster von *Arsenicum album* erkennen und es vom Muster vieler anderer möglicher Arzneien unterscheiden.

Sie haben jetzt also den Kern eines einzigen Arzneimittels näher kennen gelernt. Solche Bilder gibt es von Hunderten von Arzneien, manche genauso detailliert und klar wie das von Arsen, viele aber auch noch gar nicht ganz erforscht und erprobt. Homöopathie zu lernen ist eine faszinierende, nie endende Lebensaufgabe. Schon Hahnemann stellte fest, "dass nur der sorgfältige Beobachter ein ächter Heilkünstler wird" ... und wie bereits erwähnt wohl kaum Homöopathie nur als Nebensache betreiben und viele andere, wohl genauso oberflächlich erlernte Therapieformen anbieten kann.

Befremdliche Frage: 'Haben Arzneien Nebenwirkungen?' Und zunächst eine noch befremdlichere Antwort: 'Jein. Das hängt von der Verordnungsweise ab!' Wie Sie gesehen haben, kann jede Arznei eine Reihe Symptome sowohl erzeugen als auch heilen. Ist die Arznei wirklich ganzheitlich verordnet, also passen als Beispiel sowohl Herz- als auch Nierensymptome als auch mentale und allgemeine Symptome von Arznei und Patient zusammen, wird die Arznei auch alle Symptome und somit das ganze System ganzheitlich einer Heilung zuführen. Wird eine Arznei wie bei den Allopathen 'gegen' ein einzelnes Symptom eingesetzt und damit ihr gesamtes Wirkungspotenzial ignoriert, hilft sie in unserem Beispiel zwar am Herzen, aber an den Nieren passt sie nicht und dort und an vielen anderen Stellen können Probleme auftreten. In diesem Sinne könnte man sagen:

Zu Risiken und Nebenwirkungen
befragen Sie Ihren Arzt oder Apotheker
- zu Chancen und ganzheitlicher Heilung
Ihren Homöopathen.

Wie erkenne ich einen 'ächten Heilkünstler'?

Das ist relativ einfach. Wie in allen lebendigen, echten Wissenschaften gibt es auch in der modernen Homöopathie viele Schulen und unterschiedliche Lehrmeinungen. Sie bewegen sich - wie im wahren Leben - zwischen konservativen Kräften auf der einen und progressiven Kräften auf der anderen Seite. Die Homöopathie betont ja auch gerade das Individuelle am Menschen.

Trotz aller Unterschiede vereint eine gemeinsame Vorgehensweise alle Klassischen Homöopathen: Man ist auf der Suche nach *einem* Mittel für den Patienten, das ihm möglichst umfangreich und lang wirkend hilft. 'Ächte Heilkünstler' werden Ihnen nie mehrere Mittel am Tag oder gar zusammengemixte 'Komplexmittel' verabreichen. Wie Sie schon in dem Diskurs auf den letzten knapp vier Dutzend Seiten gelesen haben, suchen wir Homöopathen ja den ganz individuellen Schlüssel zu Ihrem Schloss. Wer da mehrere Schlüssel gleichzeitig ins Schloss zu stecken versucht, hat nichts vom geistigen Hintergrund der Homöopathie verstanden. Es soll auch 'Homöopathen' geben, die ein Heilmittel erpendeln: Würden Sie Ihren Wagen lieber in eine Werkstatt bringen, wo der KFZ-Mechaniker die Reparaturschritte auspendelt oder würden Sie lieber zu einem gehen, der sich auskennt und weiß, wo welche Schraube sitzt und der den Vergaser vom Reserverad unterscheiden kann? Homöopathische Mittel sind auch nicht elektrisch ausmessbar (sonst wäre Homöopathie ja ganz einfach technisch beweisbar).

Es gibt zwar ein paar eindeutige Unterscheidungsmerkmale zwischen Qualitäts- und Bastardhomöopathie (diesen Begriff benutzte der streitbare Hahnemann), aber ansonsten gibt es ihn nicht, den objektiv besten Therapeuten oder die objektiv richtige

Denkrichtung. Patient und Behandler müssen zusammenpassen, eine einigermaßen gemeinsame Wellenlänge haben und gegenseitigen Respekt mitbringen. Wenn man mit seinem Behandler und dessen Art 'nicht kann', sollte man sich einen anderen suchen. So lässt sich Frustration über verschwendetes Engagement und über rausgeworfene/s Zeit/Geld auf beiden Seiten vermeiden.

Sicherstes Qualitätsmerkmal: Ihr Homöopath nimmt sich viel Zeit für Sie und macht sich intensiv auf die Suche nach Ihrem 'Simile', nach dem für Sie 'ähnlichen Mittel'. Ist es ein absolut durchgreifend wirkendes Mittel, spricht man sogar vom 'Simillimum'.

Farbig ist alle Theorie und wenn's gut läuft auch die Praxis, gräulich aber wird es dann, wenn eine Arznei nicht wirkt oder sich die anfangs begeisternde Wirkung nach ein paar Wochen oder Monaten als Strohfeuer erweist. Dort scheiden sich dann auch die Geister der Homöopathen und sie haben je nach persönlicher Sicht der Dinge verschiedene Theorien entwickelt, warum das so sein könnte.

Der Homöopathiebegründer Hahnemann vermutete als Hintergrund für Arzneiversagen chronische Grunderkrankungen, die er 'Miasmen' nannte und die er mit bestimmten, nicht mehr völlig individuell gewählten Arzneien zu 'löschen' versuchte. Dieses Modell betrachten auch heute noch viele Klassische Homöopathen als eine gute Erklärung.

Andere Homöopathieschulen betrachten die Erkrankungsebenen des Menschen in einer Art Zwiebelmodell, bei dem nach und nach verschiedene 'Schichten' auftauchen, die arzneilich abgearbeitet werden müssen, also mehrere Schlösser, die nacheinander zu knacken sind, bis man endlich beim Tresor angelangt ist.

Manche Homöopathen versuchen bessere Ergebnisse zu erzielen, indem sie ein ausgeklügeltes System der verschiedenen Arzneistärken (Potenzen) entwickelt haben oder bei der Arzneiherstellung eine oder mehrere Stufen weiter als nur bis zur C3 von Hand verreiben.

Wieder andere, manchmal eher zweifelhafte Homöopathen vermuten 'Blockaden', die sie erst lösen müssen: Vielleicht ist zu viel Quecksilber im Körper oder ein Pilz im Darm oder eine Impfung schuld? Sicher scheint mir: Die meisten 'Blockaden' sitzen bei uns Behandlern im Kopf!

Zum Thema Impfen ist ein kleiner Zwischenabschnitt unerlässlich. Ich möchte dazu allerdings kaum etwas sagen, weil ich dazu als Einzelhomöopath mit normal frequentierter Praxis zu wenig Überblick habe. Das heißt ich habe zu dem Thema zwar eine Meinung, aber kein Wissen. Deshalb möchte ich mich nicht ins Orchester der ahnungslosen Posaunisten einreihen. Nur das sollten Sie wissen: Der Sinn, die Wirkung und die Nebenwirkungen von Impfungen *sind* umstritten. Impfungen dienen keineswegs so eindeutig dem Heil der Menschheit, wie von den Herstellern gern proklamiert wird. Als moralisch völlig verderbt empfinde ich übrigens die Verteilung von Geldprämien der Pharmaindustrie an diejenige Schulklasse, die die höchste Durchimpfungsrate einer Schule vorweisen kann. Auf der anderen Seite wirken auch die meisten mir bekannten Impfgegner alles andere als objektiv. *Ausgewogene* Großstudien zu dem Thema gibt es meines Wissens nicht. Was ich Ihnen deshalb nur raten kann: Setzen Sie sich mit der Thematik auseinander, informieren Sie sich über Pro und Contra. Basis für eine verantwortungsvolle Entscheidung für Sie und Ihre Kinder sollten

Vernunft und Aufgeklärtheit sein, nicht Angst oder schlechtes Gewissen.

Machen wir weiter mit den möglichen Störfaktoren, warum eine Arznei nicht mehr wirkt: Andere Behandler behaupten, die Schuld läge möglicherweise beim Patienten: Vielleicht hat er eine Tasse Kaffee getrunken, die die Arzneiwirkung gestört hat, oder vielleicht 'will er gar nicht gesund werden'?

Meine persönliche Herangehensweise/Lösung, wenn eine Arznei nicht mehr wirkt, ist die, mich gemeinsam mit dem Patienten ganz einfach auf die Suche nach einer besser passenden Arznei zu begeben. Vielleicht gibt es prägende Ereignisse in der Biografie, die wir übersehen haben, oder Symptome, bei denen das entscheidende Detail in der Beschreibung noch nicht erwähnt wurde. Vielleicht habe ich nicht die richtigen Fragen gestellt oder dem Patienten waren die richtigen Antworten nicht bewusst?

Vielleicht aber liegen auch schon alle Puzzleteile auf dem Tisch und ich konnte sie nur noch nicht zu einem sinnvollen Bild ordnen? Oder vielleicht sehe ich sogar ein Bild, kann es aber keiner Substanz aus der Natur zuordnen, weil meine Arzneikenntnisse zu beschränkt sind? Wie viele Arzneien, Mineralien, Pflanzen und Tiere kenne ich nicht und kann sie daher auch nicht im Patienten er-kennen? Doch dafür gibt es Bestimmungsbücher, mit deren Hilfe sich einige der erkannten Merkmale zu einem sinnvollen Ganzen zusammensetzen lassen: Homöopathische Symptomen-Verzeichnisse, aber auch Lexika zu Mineralogie, Chemie, Botanik, Zoologie usw.

Das Schöne an der Homöopathie ist ihre universelle Gültigkeit, das Zusammenspiel verschiedener Geistes- und Natur-Wissenschaften in einer Art, wie Hermann Hesse sich das in seinem 'Glasperlenspiel' zu träumen gewagt hat.

Nicht selten sind unsere Forschungsreisen zur Folgearznei von Erfolg gekrönt und wir gelangen tatsächlich noch zu einer besser, tiefer und länger wirkenden Arznei, bei der alles zuvor Stockende und Zähe plötzlich wie geschmiert läuft und auch über Jahre reproduzierbar ist. Ich habe Patienten, bei denen auch nach über 10 Jahren Behandlung 'ihre' Arznei im Bedarfsfall stets wieder geholfen hat. Ein Freund und Kollege, Gerhard Ruster, hat es einmal so ausgedrückt: 'Vor dem Simillimum verblasst jede Theorie.' Danke Sai, wohl gesprochen!

Was stört eine homöopathische Behandlung?

Tja, der liebe Kaffee, eigentlich eine Nebensächlichkeit, aber ein heiß umstrittenes Thema bei Homöopathen und Patienten. Stört er die Behandlung oder stört er sie nicht? Ach, was muss man doch von verschiedenen Homöopathen für völlig unterschiedliche Aussagen hören oder lesen!

Hier mein Senf zum Kaffee: In all den Praxisjahren habe ich in *seltenen* Fällen erlebt, dass Kaffeekonsum eindeutig die Wirkung eines homöopathischen Mittels korrumpiert hat. Wenn Sie absolut auf Nummer Sicher gehen wollen, dass Ihre Investition an Zeit, Geld und Hoffnung nicht leichtsinnig zunichte gemacht wird, meiden Sie Kaffee! Ich selbst rate meinen Patienten, wenn sie ihren Kaffee 'unbedingt' brauchen, zu seltenem, genussmäßigem (nicht suchtmäßigem) Konsum und glaube auch, dass Kaffee nur dann eine Arznei stören kann, wenn sie leidlich gut gewählt ist. Denn: Vor dem Simillimum verblasst sogar der Kaffee! Nur leider arbeiten wir nicht immer am Optimum und nur mäßig gute Arzneien/Heilverläufe sind störanfälliger, zum Beispiel auch für ätherische Öle und Düfte, denen ein Patient im Übermaß ausgesetzt ist (Streichlacke, Duftkerzen ...).

Generell störend auf die Gesundheit (und nicht nur während einer homöopathischen Behandlung) kann sich eine Einseitigkeit in Ernährungsgewohnheiten auswirken. Wenn Sie beispielsweise täglich 1½ Liter Kamillentee trinken und sich nach ein paar Monaten wundern, warum Sie so gallig und reizbar geworden sind. Oder wenn Sie seit einem halben Jahr 'zur Stärkung des Immunsystems' Zinktabletten essen und sich wundern, warum Sie abends im Bett Ihre Füße nicht mehr ruhig halten können. Potenziell ist eben alles Arznei und solche Einseitigkeiten über einen längeren Zeitraum prägen uns die Arzneisymptome der Substanzen auf, in diesem Falle jedem Homöopathen geläufige Symptome von *Chamomilla* und *Zincum*.

Störend wirken können *alle* parallel verlaufenden arzneilichen Therapien und Sie sollten immer mit Ihrem Behandler unzweideutig klarstellen, was Sie nebenher einnehmen 'dürfen'. Zu den Störeinflüssen zählen natürlich auch alternative, pflanzliche Arzneien und Präparate - auch hier die Bitte um Abklärung und Absprache. *Desolat störend* wirken während der Behandlung eingenommene andere homöopathische Einzel- oder Komplexmittel als das verordnete! Bedenken Sie: Es ist, als ob Ihr Behandler mit einer gut gewählten chronischen Arznei wie mit einem feinem Pinsel ein filigranes Kunstwerk zu malen versucht - und Sie würden dann mit einer weiteren Farbe einfach drüberstreichen.

Nach Einschätzung der meisten Homöopathen (und meiner eigenen) wirken auch energetische Verfahren wie Akupunktur oder Bachblüten störend - nach Aussagen von Akupunkteuren und Bachblütenverschreibern, die meist nicht die ganzheitliche Idee Klassischer Homöopathie nachvollzogen haben, natürlich nicht.

Viele konventionelle schulmedizinische Medikamente sind parallel zu einer homöopathischen Behandlung nicht günstig: Besprechen Sie mit Ihrem Behandler, welche überflüssig und sofort wegzulassen sind, welche anderen vielleicht im Verlauf der Behandlung ausgeschlichen werden können und welche anderen wiederum unbedingt beibehalten werden müssen.

Im akuten Behandlungsfall, bei einem mittelschweren Infekt beispielsweise, ist es in der Regel nicht sinnvoll, 'unterstützend' zum homöopathischen Mittel Schleimlöser, Fiebersenker, Hustenhemmer etc. zu verabreichen. Ist die homöopathische Arznei gut gewählt, wirken zusätzliche Medikamente eher störend als unterstützend. Das Starke ist am mächtigsten allein.

Viele kleinere manuelle Therapien lassen sich gut parallel zur Homöopathie anwenden; oft spielt dabei auch das Bedürfnis nach Berührung eine Rolle neben dem manchmal recht einseitigen sprachlichen Schwerpunkt einer homöopathischen Behandlung.

Die meisten Psychotherapieformen harmonieren sehr gut mit der homöopathischen Behandlung: Die Homöopathie heilt arzneilich auf der unbewussten Ebene und mit Ihrem Psychotherapeuten bearbeiten Sie bewusst bestimmte Konflikte. Im günstigen Fall tragen sogar authentische Erkenntnisse aus Ihrer Psychotherapie zum Bestimmen einer noch exakter passenden homöopathischen Arznei bei. Das Vorhalten eines symbolischen Spiegels während einer Psychotherapie entspricht im weiteren Sinne auch homöopathischer Vorgehensweise, Ähnliches mit Ähnlichem zu heilen.

Generell und unabhängig von homöopathischer Behandlung gesundheitsfördernd sind mäßige - nicht *zu* mäßige - Lebensführung, vollwertige, gesunde Nahrung, vertrauensvolle Beziehungen und das Betrachten der Schwierigkeiten des Lebens als anspruchsvolle Herausforderung und nicht als quälende Last. Doch genau diese Elemente fehlen oft im Leben, wenn Menschen krank werden.

Ungünstige äußere Umstände sind nicht Ursache, sondern Auslöser fürs Straucheln der Lebenskraft, oder sie sind sogar ein Spiegel der inneren Unordnung: der durch berufliche Anforderungen überlastete, gestresste Raucher und Workaholic, unfrei sich von seinen Süchten zu lösen; die geschiedene Ehefrau, die von ihrem Ex tyrannisiert und über die gemeinsamen Kinder erpresst wird; die Angestellte, die aus ihrem vormals so sicher geglaubten Job gemobbt werden soll; Frauen, denen die im Haus wohnende Schwiegermutter keine Luft zum Atmen lässt; der unverwundene Kummer durch den unwiederbringlichen Verlust einer geliebten Person; usw.

Eine gut gewählte Arznei sollte auch die Lebensumstände mit einbeziehen und manchmal ist es erstaunlich, wie ein Simillimum sich seinen Weg bahnt und trotz zuweilen prügelndem und alkoholabhängigem Vater den Sohn ausgeglichener macht und ihn von seinen Allergien befreit; wie die Rückenschmerzen der Tochter verschwinden, obwohl sie weiter wie seit Jahren ihre Mutter als Pflegefall versorgt; wie eine migränegeplagte Patientin ihre Kopfschmerzen verliert trotz Mehrfachbelastung im Beruf und als Mutter mehrerer Kinder. Manchmal vollbringt die Homöopathie unter widrigsten Umständen noch Erstaunliches.

Es folgt eine Fallgeschichte zum Thema ‘hyperaktives Kind’, was sich teilweise überschneidet mit der Diagnose ‘ADS’ ≈ ‘Attention Deficit Syndrome’ ≈ ‘Aufmerksamkeits-Mangel-Syndrom’ ≈ ‘Konzentrationsunfähigkeit’. Das Phänomen, die möglichen Ursachen und die Therapie werden sehr emotional und kontrovers diskutiert (googeln Sie mal mit dem Suchwort ‘ADS’), hat doch die Zahl von Kindern und Jugendlichen mit dergestaltigen Problemen in den letzten Jahren exponentiell zugenommen.

In der Praxis sehe ich neben einigen ‘echten’ ADS-Kindern (bei denen also eine sehr starke innere Disposition zu dieser Symptomatik vorliegt) auch solche, bei denen es sich eher um ein pädagogisches Problem als um ein medizinisches handelt (nichtsdestotrotz um ein Problem).

Bei vielen solchen Kindern/Jugendlichen besteht eine extreme Konzentrationsunfähigkeit in Bezug auf ungeliebte Themen, während bei Dingen, die das Interesse des Jugendlichen wecken, die Konzentration wundersam vorhanden ist. Oft sind solche Kinder sehr geist- und einfallsreich. Eine Frustrationstoleranz gegenüber Unbequemem ist aber praktisch nicht mehr vorhanden. Das wirkt sich negativ auf die schulischen Leistungen aus. Körperliche Unruhe und Zappeln, Einschlafstörungen, Befehlston, hysterische Ausraster, ständige Kämpfe um Computer- und Fernsehzeit ... und vieles mehr zählt zum typischen Bild.

Neben innerer Disposition (die wir Homöopathen zu erkennen und zu therapieren versuchen) sind typische äußere Verstärker eine zu schwache väterliche Grenzsetzung, überforderte Pädagogen, natürlich die Verlockungen der Medien- und Konsumwelt, denaturierte Fastfood-Ernährung und noch so einiges.

Die Schulmedizin hat bei ADS relativ leichtfertig das Medikament *Ritalin*® zu Hand. *Ritalin*® ist ein so starkes Psychopharmakon, dass es dem Betäubungsmittelgesetz unterliegt (ähnlich wie z.B. Morphium); es ist also auch nach dem Gesetzgeber eine echte Droge. Im Beipackzettel können Sie lesen: "Abhängigkeit bei Erwachsenen, jedoch nicht bei Kindern bekannt geworden." Weitere Nebenwirkungen: "Entzündung und Verschluss von Hirngefäßen, psychomotorische Erregungszustände, psychotische Reaktionen, schizophrene Psychosen" ... und alles natürlich nur bei Erwachsenen (?).

Während feige Tierversuche an Mäusen und Ratten locker auf den Menschen übertragen werden, gibt es jetzt plötzlich keine Übertragbarkeit von Arzneiwirkung beim Erwachsenen auf Kinder und Jugendliche mehr. (Dürfen an klinischen Arzneistudien nicht ohnehin nur Volljährige teilnehmen?) Eltern verabreichen mit *Ritalin*® ihren Kindern über Jahre oft relativ unreflektiert täglich eine nicht unbedenkliche Arznei, blenden aus Ratlosigkeit dabei leicht die eigene Verantwortung aus und geben diese rasch, rasch an den behandelnden Kinderarzt ab. Auch nur eine einzige Dosis aus der Packung unverordnet selbst einzunehmen wäre übrigens streng verboten - Drogenmissbrauch!

Zweifelsohne sind manche Kinder und Jugendliche nach Einnahme von *Ritalin*® regelrecht verwandelt und plötzlich wieder nach Monaten von Frust, Streit und schlechten Noten - im wahrsten Sinn des Wortes - gut drauf. Doch sind solche 'Drogen' eine Lösung? Was sind mögliche Risiken und Nebenwirkungen? Wesentlich höheres Suchtpotenzial und unkontrollierte Gewaltausbrüche scheinen als Spätfolgen im Erwachsenenalter ziemlich sicher. Mit Homöopathie bietet sich oft eine echte Alternative und lässt sich die Einnahme schwerer Medikamente vermeiden. Sie sind gefordert, nach Abwägen aller Eventualitäten eine verantwortungsvolle Entscheidung zu treffen.

Fallbeispiel #4: Hyperaktives Kind

Der 12-jährige Stefan ist "total unkonzentriert in der Schule, er zappelt nur noch." Er hat regelrechte Tics: Er erzeugt zum Beispiel im Rachen seltsame Geräusche durch Nasehochziehen, durch Magenbewegen produziert er seltsam glucksende, blechern klingende Geräusche. Er reißt unwillkürlich den Mund auf und bewegt den Unterkiefer oder zwinkert mit den Augen und kann das auch nicht willentlich abstellen. Er kaspert gern herum.

Stefan legt sich mit allen Lehrern an und "streitet bis aufs Blut." Einmal war er so wütend, dass er einen Cassettenrecorder mit dem Hammer zertrümmert hat. Er diskutiert stundenlang um einen Punkt. Im Unterricht rülpst er laut. Kommt ihm eine Idee, muss er sofort damit heraus; er kann sich dann nicht zurückhalten. Mit Lachanfällen ist es ähnlich und nachmittags prustet er plötzlich über witzige Sachen vom Vormittag los. Er ist extrem kitzelig und hatte schon mehrfach den sehr ungewöhnlichen Fiebertraum, dass Hexen kamen und ihn kitzelten! Seine Träume und Ängste drehen sich auch um Monster und herausgeschnittene Augen. Er träumt von Verfolgung durch Hunde und fürchtet sich auch realiter schrecklich vor ihnen. Er ist hochintelligent, interessiert sich für Astronomie.

Stefans Lieblingsspeise sind Kartoffelpfannkuchen. Cola trinkt er keines: "Damit ich nicht noch verrückter werde." Direkte Sonneneinstrahlung verträgt er allgemein sehr schlecht; bei Vollmond ist Stefan noch aufgedrehter. Auf die homöopathische Arznei *Belladonna* aus der Hausapotheke hat er bei Fieber immer gut reagiert.

Auch im vorliegenden Fall war die Arzneifindung hochinteressant. Die Diagnose 'Hyperaktivität' hilft homöopathisch absolut nicht weiter, ebenso wenig wie das Zappeln und die Unkonzentriertheit - das sind alles recht gewöhnliche Symptome bei einer solchen Erkrankung und dafür kommen noch Hunderte von Arzneien in Frage.

Am auffallendsten ist sicher Stefans Kitzeligkeit und sein Traum von Hexen, die ihn kitzeln. Schaut man in homöopathischen Verzeichnissen nach, findet man, dass Träume von Hexen von der Arznei *Solanum tuberosum aegrotans* abgedeckt werden, einer Arznei, die aus an Krautfäule erkrankten Kartoffeln hergestellt wurde. Die Kitzeligkeit ist bekannt von einer Arznei namens *Solaninum* - diese wird aus einem Giftstoff synthetisiert, der in mehreren Nachtschattengewächsen vorkommt.

Nachtschattengewächse? Richtig: Die Tollkirsche *Belladonna* ist ein Nachtschattengewächs und zu der daraus zubereiteten Arznei hat Stefan erwiesenermaßen 'Resonanz'. Auch Stefans Lieblingsspeise - Kartoffeln - zählt zu dieser Pflanzenfamilie. Das scheint eine heiße Spur zu sein.

Die Solanaceen, so der neu-lateinische Name, enthalten oft drogenartige Inhaltsstoffe (die in den Rezepten mittelalterlicher Hexensalben vorkommen) und angeblich hat die Pflanzenfamilie den Namen erhalten, weil ihre Vertreter 'Nachtschatten' ≈ Albträume hervorrufen können. Die Homöopathen wissen, dass Monster und Verstümmelungen häufig in den Träumen von Menschen auftauchen, denen eine Nachtschattenarznei homöopathisch helfen kann. Auch die ausgeprägte Angst vor Hunden ist sehr typisch. Neigung zu heftigen Gewaltausbrüchen ebenfalls. Und Sonne vertragen die Nachtschatten nicht und reagieren auf Vollmond.

Körperlich fallen noch die Tics in Verbindung mit der Erzeugung von seltsamen Geräuschen auf: Auch Tics sind in den Arzneimittelbildern verschiedener Nachtschattengewächse bekannt. Ein amerikanischer Homöopath des 19. Jahrhunderts, Timothy F. Allen, beschreibt in seiner 12-bändigen Arzneimittel-Enzyklopädie unter *Solanum tuberosum aegrotans* das Symptom: "Sensation as if a spring were unrolled in the left hypochondrium", also: "Gefühl, als ob eine Stahlfeder unter dem linken Rippenbogen entrollt würde." Das hat eine gewisse Ähnlichkeit zu Stefans blechernen Bauchgeräuschen. (In der Homöopathie finden wir meistens nur Ähnlichkeit, nie völlige Gleichheit zwischen Arzneisymptom und Patienten-Symptom.)

Die heilende Arznei war *Solanum tuberosum*, die aus den giftigen oberirdischen Pflanzenteilen der Kartoffel hergestellt wird. Nach der ersten Arzneigabe war Stefan eine Woche lang noch unerträglicher und schwieriger, dann verschwanden nach und nach komplett seine Tics und seine Unruhe; die Konzentrationsfähigkeit verbesserte sich dauerhaft. Schon im nächsten Zeugnis waren in allen Hauptfächern die Noten jeweils eine Stufe besser und Stefan wurde zu einem wesentlich ausgeglicheneren Kind.

Im Fall von Stefan verstärkten sich die Symptome nach der ersten Arzneigabe zunächst für einige Zeit. Dabei handelt es sich um die berühmt-berüchtigte homöopathische 'Erstverschlimmerung' oder besser 'Erstreaktion.' Sie wird von Patienten mehr gefürchtet, als sie das verdient.

Ich habe in ein paar tausend behandelten Fällen lediglich bei ganz wenigen chronischen Hauterkrankungen länger andauernde, unangenehm heftige 'Erstreaktionen' gesehen (vor allem, wenn die Hautausschläge zuvor lange mit Cortison unterdrückt worden waren), die sich aber in der Regel durch geschickte Dosierung dann doch eindämmen ließen. Auch bei Migränepatienten ist recht typisch - und prognostisch ein sehr gutes Zeichen! - dass sie nach der ersten Gabe der passenden Arznei eine Kopfschmerzattacke bekommen wie lange nicht mehr.

In allen anderen Fällen gab es - von sehr wenigen Ausnahmen abgesehen - praktisch nie heftige Reaktionen, wohl aber oft einige Tage lang kleinere Unannehmlichkeiten, kurz aufflackernde, unerwartete Symptome (meist alte Bekannte): Alles gute Zeichen, dass der Organismus zu reagieren begonnen hat. Immerhin: Eine kleine Erstreaktion nach ein paar winzigen Globuli beeindruckt die meisten Patienten wesentlich mehr als ein still und leise einsetzender Heilungsverlauf.

Noch ein paar wissenswerte Fakten zu den Nachtschattengewächsen: In unserer Speisekarte kommen einige Solanaceen vor: Kartoffel, Tomate, Paprika und Cayennepfeffer (welches beide Variationen ein und derselben Pflanze sind) und die Aubergine. Außerdem zählt Tabak zu dieser Gruppe.

Als Titelbild für dieses Buch habe ich die Blüte einer Bilsenkrautpflanze (das Geschenk einer netten Kollegin) aus meinem Garten fotografiert. Extrakte des Nachtschattengewächses Bilsenkraut waren im Mittelalter ein Bestandteil von Bier, bis Martin Luther in seinem Reinheitsgebot von 1516 diesen Zusatz verbot. Das hatte keine ernährungswissenschaftlichen Hintergründe, sondern war schlicht und einfach eines der ersten Drogengesetze:

Mit Bilsenkraut versetztes Bier bewirkt sexuelle Erregung und Geilheit und war so dem Kirchenmann natürlich ein Dorn im Auge. Seitdem hält die Bilsener/Pilsener Brauart auch nicht mehr das, was sie dereinst versprach. Der Name der tschechischen Stadt Pilsen ist angeblich von den weitläufigen Bilsenkrautfeldern abgeleitet, die dereinst die Stadt umgaben.

Was kostet eine homöopathische Behandlung?

Nicht die Welt. Sie haben eingangs das Gandhi-Zitat gelesen. Dass im armen Indien die Homöopathie zu den wichtigsten Säulen des Gesundheitssystems zählt, hat schon seine Gründe.

Ein fairer Preis für eine Erstanamnese liegt heutzutage - in Ostfriesland anders als in München - zwischen 100 und 250 €uro. Bei Folgesitzungen, die anfangs etwa alle zwei Monate stattfinden, zahlen Sie je nach Dauer zwischen 30 und 80 €uro. Dazu kommen die Honorare für telefonische Beratungen. Das heißt im ersten Jahr zahlen Sie selten mehr als 400 €uro für eine hoch qualifizierte Therapieform, später sogar viel weniger, weil Praxistermine nur noch nach Bedarf eingerichtet werden.

Privat Versicherte erhalten je nach Kleingedrucktem in ihrem Versicherungsvertrag die Behandlungskosten teilweise oder vollständig erstattet. Bevor Sie eine preiswert erscheinende Zusatzversicherung für sich oder Ihre Kinder abschließen, rechnen Sie bitte über einen Zeitraum von fünf Jahren durch, ob Sie damit tatsächlich preisgünstiger fahren, als wenn Sie direkt bezahlen würden (ohne eine Krankenkasse und deren Verwaltung mitzufinanzieren).

Ich erlebe in meiner Praxis immer wieder, dass zu Patienten, die gleich und persönlich zahlen, eine bessere Bindung besteht, weil ihnen der Wert einer homöopathischen Behandlung bewusster ist und ein klarer, offener 'Behandlungsvertrag' zwischen Patient und Behandler besteht.

Ob eine - utopische! - Übernahme homöopathischer Behandlungsauslagen durch alle Krankenkassen Vorteile brächte oder nicht im Gegenteil die Kosten letztendlich steigen lassen und den Qualitätsbegriff 'Homöopathie' durch beflissenes Abrechnen lukrativer Gebührenordnungspunkte verwässern würde, sei dahingestellt. Abhängiger von der Tagespolitik der Berliner Kompetenzkoryphäen würde sie uns Homöopathen allemal machen.

Zusammenfassung

Die Homöopathie heilt mehr Kranke als jede andere Behandlungsmethode und sie ist jenseits allen Zweifels sicherer und ökonomischer. Sie ist die umfassendste medizinische Wissenschaft. Mahatma Gandhi